인간의 자리

인간의 자리

진화인류학자 박한선의
호모사피엔스 탐사기

"인간은 동물의 왕국 어딘가에 있다"

박한선 지음

바다출판사

인간의 자리는 어디에 있는가?

감정 표현에 관해 글을 쓴 거의 모든 저자들은 인간을 포함한 모
든 종이 처음부터 지금의 모습으로 존재해왔다고 확신하는 것 같
다…… 인간과 다른 모든 동물을 각각의 독립적 창조물로 간주하는
한, 감정 표현의 기원을 알고자 하는 우리의 자연스러운 소망은 완
전히 시들어버린다.

- 찰스 다윈,《인간과 동물의 감정 표현》(1890년), 〈서문〉 중에서

아리스토텔레스는 흔히 그리스의 철학자로 알려져 있지만 그의
저작 중 약 4분의 1은 생물학에 관한 것이다. 어떤 의미에서는 최초
의 생물학자다. 생물에 관한 기존의 사변적 연구에서 벗어나 많은 양
의 관찰 연구를 통해 일반 원리를 찾아내려고 노력했다. 각지에서 수
집한 데이터에 기반하여 무려 500종이 넘는 조류와 포유류, 어류를
분류했다. 특히 자신이 지내던 레스보스섬 주변의 해양 생물은 2년
넘게 직접 관찰했다.

물론 데이터의 상당수는 어부나 양봉업자, 여행가의 경험담에 기반하고 있다. 부정확한 것이 많다. 심지어 남성이 여성보다 치아의 개수가 많고 치아의 개수는 수명에 비례한다고 했다. 물론 남녀의 치아 개수는 동일하며(치과의사에게 물어보라) 평균 수명은 여성이 길다. 우스꽝스러운 실수지만 관찰 연구 자체의 가치를 떨어트리는 것은 아니다. 관찰을 제대로 안 한 것은 좀 문제지만.

아리스토텔레스의 생물학이 가진 진짜 문제는 따로 있다. 그는 자연의 모든 존재가 완전하고 불변하는 특성을 가지고 있으며 자연에서의 각각의 위치도 영원히 불변한다고 믿었다. 이러한 세계관은 이후 2000년이 넘도록 지속했는데, 사실 지금도 가장 지지자가 많은 보편 믿음이다.

편견 중에 가장 없애기 어려운 편견은 '아름다운' 편견이다. 선한 사람이 결국 승리한다든가 노력은 반드시 보답을 받는다든가 사랑은 모든 것을 극복한다는 등의 믿음은, 사실 과학적 근거에 기반한 것은 아니다. 하지만 너무 아름답지 않은가?

세상에는 여성은 남성보다 미천하다든가 흑인은 고릴라와 가깝다든가 백신은 자폐증을 유발한다는 식의 해로운 편견도 많다. 이런 '아름답지 않은' 편견은 큰 소리로 비판할 수 있다. 심지어 법을 만들어 금지하고 이를 어기면 처벌하기도 한다. 이런 편견을 질타하는 것만으로도 자신의 우아한 교양 수준을 과시할 수 있다. 하지만 아름다운 편견은 이렇게 대응하기 어렵다. '산타클로스는 존재하지 않는다'고 적힌 피켓을 들고 유치원 앞에 몇 시간만 서 있으면 진실을 말한 대가로 학부형에게 두들겨 맞아 산타 옷처럼 붉게 물든 옷을 얻게 될지도 모른다.

인간은 다른 동물보다 우월한 영혼을 가졌다는 믿음, 그리고 이를 통해 자연계의 수장이 되었다는 아름다운 믿음도 마찬가지다. 아리스토텔레스는 식물과 동물, 인간의 영혼을 구분했다. 식물은 번식과 성장을 위한 식물적 영혼, 동물은 이에 더해서 이동과 감각을 위한 감각적 영혼, 그리고 인간은 다시 이에 더해서 사유와 반추를 위한 합리적 영혼을 가지고 있다는 것이다. 영장류靈長類, Primates라는 말 자체가 영묘한 힘을 가진 우두머리라는 뜻이다.

그에 따르면 생물학적 존재가 배태한 원초적 잠재력은 달라지지 않는다. 식물은 감각하는 능력을 가질 가능성이 없다. 동물은 합리적 판단을 할 수 없다. 처음부터 그렇게 빚어졌다. 이러한 잠재력의 수준에 따라 생물학적 존재의 등급을 총 11단계로 나누었다. 차갑고 두꺼운 알을 낳는 하등동물부터 따뜻하고 축축한 새끼를 낳는 고등동물까지 층층이 나뉘어진 세상의 위계, 자연의 사다리다.

따라서 인간은 사다리의 가장 꼭대기에서 천상을 넘보고 있는 존재다. 만물의 영장이며 신의 자리 바로 아래다. 이 글을 읽는 독자는 아마 대부분 '인간'일 테다. 그러니 이러한 아름다운 편견을 버리고 싶지 않을 것이다. 중세를 살던 유럽인도 그랬다. 편견이 사라지기는커녕 점점 더 웅장하게 발전했다. 교부철학자를 거치며 자연의 사다리는 인간 위의 천사와 무생물인 광물, 지하 세계의 악마로 확장되었다. 토마스 아퀴나스Thomas Aquinas는 천사를 1급 천사 세라핌부터 9급 천사 엔젤까지 총 9등급으로 나누었다. 광물의 우두머리는 다이아몬드이며 가장 밑바닥에 땅을 이루는 흙과 먼지, 모래 등이 있다. 땅 아래에는? 지하 세계에는 악마가 살고 있는데, 대개 타락 천사 루시퍼나 사탄을 악마의 우두머리로 친다.

인간 행동을 연구하는 학자는 '인간의 자리'에 관한 오랜 편견에 의해 처음부터 길을 잃기 쉽다. 인간 정신의 우월성이나 유일성을 주장하는 신경과학자가 넘쳐난다. 모든 동물의 행동은 다들 조금씩 다르지만 인간 행동은 뭔가 '아름답고 특별한' 방식으로 다르다는 것이다. 대중과학의 영역뿐 아니라 진지한 연구 공간에서도 흔히 볼 수 있는 편견이다. 태어날 때부터 빨간 색안경을 끼고 살았는데, 주변 모든 사람도 다 같은 색안경을 끼고 있다고 해보자. 이제 '빨간 세상'에 관한 믿음은 입증이 필요하지 않은 '상식'으로 작동한다. 그래서 저명한 과학자도 종종 '자신도 모르게' 인간 정신의 고유성을 전제로 깔고 연구의 논의를 시작하곤 한다.

그런데 정말 우리 행동은 특별히 우월한 정신적 능력의 결과일까? 우아한 프렌치 레스토랑에서 느끼는 인간의 즐거움은 외양간에서 꼴을 먹는 소의 즐거움과 질적으로 다를까? 영국의 동물행동학자 로이드 모건C. Lloyd Morgan은 일찍이 '모건의 준칙'을 제창한 바 있다. '어떤 행동이 낮은 수준의 심리적 능력을 훈련시켜 나타날 수 있다면 더 높은 정신적 능력의 결과라고 해석해서는 안 된다'는 것이다. 진화적 입장에서 동물 행동을 연구한 선구적 학자다.

피라미드처럼 층층이 쌓아 올린 세계, 그 꼭대기에서 '인간의 자리'를 찾으려는 시도는 성공할 수 없다. 우리는 미물에서 시작하여 영적 존재로 향하는 거대한 존재론적 경주에서 선두로 달리고 있는 존재가 아니다. 미천한 망나니 유인원의 세계에서 '아니야. 난

이들과 달라. 고귀한 인간, 영국의 귀족이라고!'를 스스로 깨달은 타잔도 아니다. 마이크로프로세서, 즉 대뇌의 거듭된 성능 향상 끝에 뜻밖의 '자기 인식' 능력을 얻은 인공지능 컴퓨터도 아니다. 우리의 행동은 그저 우리 종이 겪어온 독특한 시공간적 생태 환경에 대한 적응일 뿐이다. 다른 모든 종의 행동이 그렇듯 말이다.

이 책은 인간의 이야기를 다루지만 새 이야기를 더 많이 한다(날아다니는 포유류, 박쥐도 등장한다). 새는 용반목 수각류에 속하는 동물이다. 우리가 아는 공룡의 상당수가 바로 용반목이다. 수각류는 두발걷기를 한 용반류 공룡인데, 새 외에도 티라노사우루스와 벨로시랩터가 유명하다. 흔히 새는 공룡의 후손이라고 하지만 정확하게 말하면 후손이 아니라 그냥 공룡이다. 지난 1억 년 동안 끝없이 진화하며 척추동물 중 가장 번성한 분류군이 되었다. 종 다양성과 개체 수에서 포유류를 압도한다. 물론 행동 양상도 아주 다양하고 흥미롭다. 동물행동학자들이 오래전부터 사랑하던 연구 대상이다.

아니, 새와 인간이 닮았다고? 새는 날개가 있고 뇌는 작고 게다가 알을 낳는다. 어디를 봐도 인간과 다르다. 하지만 행동에서는 서로 닮은 점이 많다. 사냥도 하고 채집도 하며 집도 짓는다. 구애 끝에 결혼하여 백년해로하기도 하지만 틈틈이 바람도 피우고 가끔은 이혼도 하고 심지어 동성끼리 짝을 이루기도 한다. 서로 맹렬히 싸우기도 하고 오래도록 협력하기도 하고 위계 서열을 나누기도 한다. 음식을 저장하기도 하고 별자리를 보며 멀리 여행을 떠나기도 한다. 노래를 부르며 서로의 의사를 전하고 이러한 노래가 세대를 거듭하며 전해지기도 하고 지역적 관습과 문화가 되기도 한다. 이쯤 되면 인간이나 새나 거기서 거기다.

물론 이 책에서 등장하는 여러 인용이나 비유는 흥미를 높이기 위해 의도적으로 고른 것이다. 분명히 인간은 새가 아니다. 따라서 인간의 행동과 새의 행동이 비슷하다고 해서 그 행동의 진화적 기원이나 적응적 기능이 동일하다고 간주할 수는 없다. 비유적 설명이 또 다른 오해를 낳을까 걱정이다. 그러나 우리가 생각하는 소위 '위대한 인간 정신'이 '모든 동물 중 가장 우월하기 때문에' 나타나는 것이 아니라는 점은 분명하다. 우리는 개를 편애하고, 뱀은 차별한다. 그러나 새에 대해서는 비교적 가치중립적이다. 새를 사용한 비유가 인간을 더 객관적으로 바라볼 수 있도록 도울 수 있으면 좋겠다.

1859년 찰스 다윈Charles Darwin은 《종의 기원On the Origin of Species》을 펴내며 "심리학은 여러 정신적 힘과 능력이 점진적 진화 과정을 통해 획득된 것이라는 새로운 토대 위에 서게 될 것이다. 인간의 기원과 역사에 빛이 드리울 것이다"라고 했다. 그러나 150년이 넘도록 실현되지 않은 예언이다. 앞서 말한 대로 인간의 정신에 관해서는 여전히 아리스토텔레스의 영향력이 다윈의 영향력보다 더 강력하다.

아리스토텔레스는 《동물사History of Animal》에서 파리의 다리가 네 개라고 주장했다. 무려 천 년 동안 사람들은 정말 그렇게 믿었다. 앞서 말한 대로 그는 여성의 치아 개수가 남성에 비해 적다고 했는데 버트런드 러셀Bertrand Russel은 이에 대해서 "결혼을 두 번이나 했던 아리스토텔레스는 아내의 입을 좀 더 자세히 들여다보았어야 했다"라고 비꼬기도 했다. 이제 그 오랜 편견을 깨야 할 때다.

사실 자연의 세계에서 인간의 합당한 자리에 관한 아리스토텔레스식 오류의 책임을 모두 그에게 돌려서는 곤란하다. 아마 자연의 위계뿐 아니라 인종의 위계(아리스토텔레스는 어떤 사람이 천성적으로 노예가 되기 적합하다고 했다), 남녀의 위계(아리스토텔레스는 남성이 본질적으로 여성보다 우월하다고 했다) 등 위계와 관련한 오랜 편견은 그 자체가 인간 정신의 어떤 경향성을 반영하는 것인지도 모른다. 우리는 위아래를 나누는 데 아주 익숙하다. 심지어 평등을 지향하는 사회에서도 마찬가지다. "모든 동물은 평등하다. 하지만 어떤 동물은 다른 동물보다 더 평등하다." 조지 오웰이 《동물 농장》에서 한 말이다.

그러니 다윈의 예언이 실현되기 좀처럼 난망하다. 인간 정신의 본질을 이해하려면 도대체 얼마나 오랜 시간이 걸릴까? 파리의 다리 숫자가 여섯 개라는 사실을 관찰하는 데 천 년이 걸렸으니 인간 행동을 가감 없이 관찰하는 데 또 다른 천년이 필요할까? 모르겠다. 사실 인간의 마음은 현재 지구상에만 무려 70억 개의 샘플이 있는데도 불구하고 여전히 그 정체가 오리무중이다. 하지만 확실하게 장담할 수 있는 사실도 있다. 천상이나 혹은 지하에서 인간의 자리를 찾을 가능성은 없다. 인간의 자리는 동물의 왕국 어딘가에 있다.

긴 시공간적 진화사 속에서 행방이 묘연해진 '인간의 자리'를 누가 찾아낼 수 있을까? 인간의 우월성이라는 아름다운 편견을 깨고 용기를 내어 진실을 찾는 자가 그 영광을 차지할 것이다. 아내의 입을 벌려 치아 개수를 세고 파리 다리의 개수를 헤아리며 새의 짝짓기를 관찰하고 수렵채집인의 걸음걸이를 기록하는 자다. 진실이 늘 아름다운 것은 아니지만 그래도 그것은 진실이다.

아무래도 아리스토텔레스를 너무 우스꽝스럽게 쓴 것 같아 고대 마케도니아인에게 미안하다. 사실 오랜 믿음을 의심할 수 있는 과학적 전통, 과도할 정도로 관찰과 증거를 중요하게 여기는 연구 방법은 아리스토텔레스의 공이다. 그는 플라톤의 제자였지만 내적 사유에 의존한 플라톤의 여러 주장을 그대로 답습하지 않았다. 오히려 일자무식 어부가 두 눈으로 본 관찰적 사실을 더 중요하게 여겼다. 아리스토텔레스는 이렇게 말했다.

"플라톤은 내 벗이지만, 진실은 더 나은 나의 벗입니다*Amicus Plato, sed magis amica veritas*."

서울대학교 인류학과
박한선

차례

일러두기

이 책은 인간에 대한 진화적 탐색과 동물 이야기, 신화, 전설, 소설, 시, 명사의 글 인용이 병렬적으로 서술돼 있다. 인간 탐구와 동물 및 각종 이야기는 서로 다른 폰트를 사용했으며 인용문은 크기를 달리 했다. 독자는 이야기 속의 이야기를 읽으며 처음에는 서로 다른 것처럼 보이는 글이 하나의 주제로 모 아짐을 경험할 수 있다.

1

인간 멸종의 위기 앞에서

인간성의 본질과 인간의 자리

PASSENGER PIGEON (*Columba Migratoria*)
Upper bird, female ; lower, male
Reproduced from the John J. Audubon Plate

사라진 여행비둘기의 초상화.

마사Martha가 죽었다. 연인 조지George를 몇 년 전 떠나보낸 후 지구상에 남은 유일한 여성이었다. 그들은 불과 수십 년 전만 해도 대륙을 지배하던 핵심 종이었다. 수십억이 넘었다. 그러나 아포칼립스는 갑작스럽게 다가왔다. 혹시 세상 어딘가 남성이 하나쯤 숨어 있지 않을까? 그러나 헛된 희망이었다. 얼마 전 찾아온 뇌졸중도 마사를 고통스럽게 했다. 초가을 아침, 그녀는 스물아홉의 나이로 죽은 채 발견되었다.

인류의 최후를 다룬 SF소설의 한 장면 같지만 사실 우리 이야기는 아니다. 한때 북미 대륙의 하늘과 땅을 뒤덮던 여행비둘기*Ectopistes migratorius*의 최후다. 운치 있는 이름을 가진 비둘기이지만 이제는 더이상 '여행'하지 못한다. 1914년 9월 1일 아침, 미합중국의 초대 대통령 조지 워싱턴 부인의 이름을 따 마사로 명명된 암컷 여행비둘기는 신시내티 동물원의 새장에서 마지막 숨을 몰아쉬었다. 비둘기 한 마리의 사망이었지만 종 전체의 사망이기도 했다.

마음의 서열

인간을 제외한 다른 동물은 제대로 된 '마음'이 없다고 생각하던 때가 있었다. 유일하게 인간만 신에 버금가는 정신적 능력을 갖춘 만물의 영장이라는 것이다. 영장류라는 이름을 붙인 것만 봐도 그렇다. 물론 누구나 동물에게도 생각과 감정이 있다는 사실을 안다. 하지만 '수준 미달'이라고 믿었다. 인간의 마음에서 '높은' 정신적 기능을 하나씩 소거하는 식으로 동물의 마음을 추정했다.

찰스 다윈은 《종의 기원》을 펴낸 후 심각한 불안에 시달렸다. 인간의 신체가 다른 근연종과 비슷하다는 것은 어쩔 수 없는 사실이었다. 눈에 뻔히 보이는 사실을 부정할 수는 없었다. 하지만 정신이라면? 다윈과 비슷한 시기에 자연선택을 발견한 알프레드 월리스Alfred Wallace는 눈을 감았다. 다른 것은 다 몰라도 인간의 정신만은 예외라고 주장했다. 베이징 원인 발굴에 참여했던 고생물학자 피에르 테야르 드샤르댕Pierre Teilhard de Chardin도 마찬가지였다. 예수회 신부라서 그랬을까? 인간의 정신만은 '눈먼 시계공'에게 맡겨놓지 않으려 했다. 그는 생물이 일정한 방향성을 가지고 진화한다는 정향진화를 주장하며 진화에는 궁극의 오메가 포인트가 있을 것이라고 생각했다.

심지어 진화생물학자 조지 존 로마니즈George John Romanes는 인간과 동물의 정신에 서열을 매기는 일까지 저질렀다. 그는 1888년에 펴낸 《인간 정신의 진화Mental Evolution in Man》라는 책에서 곤충은 생후 10주가 된 영아와 비슷하며 개와 유인원은 생후 15개월 된

유아와 대등하다고 썼다. 또한 조류는 수치심이 없으며 물고기는 원한이나 긍지를 가지지 못한다고도 생각했다. 오직 인간만이 가장 완성된 정신을 가지며 다른 동물의 정신은 뭔가 하나씩 부족하거나 불완전하다는 것이었다.

　사람과 동물의 행동을 견주는 비교심리학은 이러한 의인화적 해석의 오류에서 벗어나려고 노력했지만 결과가 그리 만족스럽지는 않았다. 인간의 정신 구조에 기반한 과도한 추론의 오류에서 벗어나려다 보니 역설적으로 무미건조한 실험실 연구에 매몰되었다. 비교심리학자들은 주로 철망에 가둔 동물에게 여러 자극을 주며 반응이 학습되는 과정을 연구했다. 연구의 기저에는 여전히 '열등한 동물의 단순한 정신 구조'에 관한 암묵적 전제가 깔려 있었다.

　'에솔로지ethology'의 시작은 조금 달랐다. 흔히 '동물행동학'으로 번역하는 에솔로지는 특성character을 뜻하는 그리스어, 에소스ethos에서 따온 말로 행동의 목적에 관한 주관적 추론을 피하고 자연 상태의 동물을 관찰하여 객관적인 행동을 기술하는 전통을 가지고 있다. 에솔로지의 초기 선구자들은 주로 동물을 좋아하다가 연구자의 길을 걷게 된 경우가 많다. 아무래도 동물을 사랑하는 이에게 침습적인 실험 연구는 마뜩지 않았을 것이다. 대표적 인물이 바로 찰스 휘트먼Charles O. Whitman이다.

　찰스 휘트먼은 기독교의 한 분파인 독실한 유니테리언 집안에서 태어났다. 신앙 때문인지 몰라도 끝까지 정향진화를 주장했다. 매사추세츠의 작은 예비학교 교장을 지내다가 서른 중반의 나이에 동물행동학을 공부하기로 마음먹었다. 당시로는 상당히 늦은 나이

였다. 그는 독일에서 박사 학위를 받은 후 일본으로 떠났고 도쿄제
국대학교에서 생물학을 가르쳤다. 불과 몇 년 가르쳤을 뿐이지만 일
본에서는 동물학의 아버지로 불린다.

1881년, 휘트먼은 일본을 떠나 하버드대학교 비교동물학 박물
관의 조수로 일하기 시작했다. 당시 미국에서는 여행비둘기가 점점
사라지고 있었다. 밀워키에서 여행비둘기를 대량으로 사육하던 데
이비드 휘태커David Whitaker로부터 수십 마리를 사들였다. 어떻게
든 부화를 시도했지만 실패했다. 1907년에 이르자 마지막 두 마리
의 암컷이 사망했다. 남은 수컷 두 마리는 불임이었다. 아직 희망이
있었다. 신시내티 동물원에 몇 마리가 남아 있었다. 그러나 안타깝
게도 두 마리의 수컷이 곧 죽었다. 휘트먼은 수컷 여행비둘기를 물
색했다. 알을 낳으면 근연종의 비둘기를 사용하여 알을 품는 포란을
대신할 계획도 세웠다. 1910년, 미국조류연합은 여행비둘기 둥지에
3000달러의 현상금을 걸기도 했다. 지금 돈으로 7만 달러가 넘는다.
물론 아직까지 현상금을 찾아간 사람은 없다.

행동은 전략이다

행동생태학behavioural ecology의 기원은 동물행동학으로 거슬러
올라간다. 에솔로지의 학문적 전통이 그렇듯이 행동생태학자는 상
상에 의거한 무리한 추론을 좋아하지 않는다. 특히 정신의 내적 과
정에 대해서는 무관심에 가까울 정도다. 검증하기 어려운 내적 인지

구조나 심리적 과정은 논외로 친다. 사실 동물의 마음속에 어떤 일이 일어나고 있는지 알기는 어렵다. 뭐, 마사에게 도대체 왜 번식을 하지 않는 것이냐며 다그쳐도 별 소득은 없을 것이다.

행동생태학자는 동물의 행동이 다양한 생태적 조건에서 생존과 번식을 최적화하는 일종의 전략이라고 간주한다. 적합도를 높이는 행동일수록 그와 관련 있는 유전자가 유전자 풀에서 점점 늘어난다. 다양한 환경에서 다양한 전략이 경합한다. 제한된 자원을 둘러싼 경쟁, 포식자와 벌이는 종 간 군비 경쟁, 단독 생활 혹은 무리 생활에서 얻는 이득과 손해, 짝짓기 성공을 위한 다양한 성적 전략, 포괄적합도를 향상하는 양육과 친족 협력 및 갈등, 집단 내 비친족 협력과 갈등, 그리고 이를 위한 다양한 신호 전달 등이 행동 전략의 형태로 나타난다.

따라서 서로 다른 내외적 환경에 처한 여러 종은 독특한 종 특이적 행동을 보인다. 이러한 종 특이적 행동은 형태적 특징만큼이나 분명하다. 유럽 사회의 박물학자들이 형태적 특징을 기반으로 종을 분류하며 자연의 체계를 세우고 있을 때, 베를린 수족관에서 일하던 오스카어 하인로트Oscar Heinroth는 행동을 통해 계통을 나눌 수 있을 것이라고 생각했다.

미국에서 에솔로지의 문을 연 인물이 휘트먼이었다면 독일에는 하인로트가 있었다. 하인로트는 의사였지만 의사 면허는 장롱 속에 넣어버렸다. 베를린의 프리드리히빌헬름대학교에서 동물학을 다시 전공했다. 하인로트는 인간보다는 동물을 좋아했던 것 같다. 스스로 닭장 앞에서 걸음마를 배우고 닭의 울음을 흉내 내며 성장했다고 밝히기도 했다. 의사가 된 후에도 베를린 동물원에서 무급 조수로 상당 기간 일했으니 말 다했다.

저술이나 발표는 좀 소홀히 했다. 학문적 성취가 일차적 목표가 아니라 동물에 대한 애정이 먼저라서 그랬을까? 그래서 그의 연구는 종종 아내를 통해 세상에 알려졌다. 첫 아내 마그달레네 비베 Magdalene Wiebe는 조류 사육사이자 박제사였고 둘째 아내 카타리나 뢰슈Katharina Rösch는 제2차 세계대전 종전 후 베를린 동물원장이 된 파충류학자였다.

왜 그런지 모르겠지만 초기 동물행동학자는 새를 참 좋아했다. 하인로트도 그렇고 휘트먼도 그렇고 콘라트 로렌츠Konrad Lorenz와 니콜라스 틴베르헌Nikolaas Tinbergen도 그랬다. 하인로트는 주로 오리와 거위를 연구했다. 부화한 회색기러기가 자신을 부모처럼 따른다는 사실을 알아냈다. 동족에 대한 관념은 생득적인 것이 아니었다. 1930년대, 콘라트 로렌츠가 정립한 '각인 현상'이다.

하인로트는 인간과 동물의 공통점을 양방향에서 연구했다. 인간에 대한 유추를 통해 동물을 이해하는 수준에서 좀 더 나아가서 동물에 대한 이해를 재적용하여 인간을 이해하려고 했다. 이를 로렌츠는 '하인로트의 접근법'이라고 했다. 하인로트는 '에솔로지'라는 학문명을 정립했다.

인간이라고 다를까

인간행동생태학human behavioural ecology, HBE은 이름으로 쉽게 짐

작할 수 있듯 동물행동생태학에서 기원한다. 로렌츠와 틴베르헌, 월리스 크레이그Wallace Craig, 윌리엄 휠러William Wheeler, 줄리언 헉슬리Julian Huxley 등으로 이어진 행동생태학은 윌리엄 아이언스William Irons, 나폴리언 섀그넌Napoleon Chagnon, 존 크룩John Crook, 에릭 샤노브Eric Charnov, 크리스틴 호크스Kristen Hawkes, 어빈 드보어Irven DeVore, 리처드 리Richard Lee, 에릭 스미스Eric Smith, 브루스 윈터홀더Bruce Winterhalder 등의 인간행동생태학으로 이어졌다. 동물행동학자 리처드 알렉산더Richard Alexander와 로버트 하인드Robert Hinde도 동물 연구를 계속했다.

동물을 좋아하는 사람이 동물행동생태학의 문을 연 것처럼 인간행동생태학은 인간을 좋아하는 사람이 시작했다고 할 수 있을까? 그건 알 수 없지만 인간행동생태학자 역시 인간 심리의 내적 과정에는 큰 관심이 없다. 동물의 마음도 어떻게 움직이는지 통 알 수 없는데 하물며 인간이라니.

아니, 반론을 제기할 독자가 있을 것이다. 내 마음은 '내 마음'이니 당장 알 수 있는 것 아니냐고? 하지만 우리가 내관來觀할 수 있는 정신 영역은 극히 일부분에 불과하다. 자신의 마음을 들여다보는 작업도 상당한 에너지가 필요한 일이다. 우리는 꼭 필요한 경우에만 마음을 반추할 수 있도록 적응했다. 나머지는 죄다 미지의 영역이다. 무의식이라고 불러도 좋고, 본능이라고 해도 좋다. 스스로 인간이므로 자기 종의 마음을 환하게 들여다볼 수 있다고 생각하면 큰 오산이다. 마음을 정말 '마음대로' 들여다볼 수 있다면 사실 연구도 필요 없을 것이다. 지그문트 프로이트Sigmund Freud가 맹추라서 사람들을 소파에 눕혀 무의식을 탐구한 것이 아니다.

1956년, 유전학자 홀데인 J. B. S Haldane은 "대조적인 인간 집단에서 나타나는 행동 차이는 특정 환경에 대한 적응 반응이며 기본적으로 유사한 유전자 구성을 가진 인간이라도 환경에 따라 상이한 행동 패턴을 보인다"라고 말했다. 즉 인간의 복잡한 문화도 결국 이러한 생태적 적응 전략의 결과일 뿐이다. 그래서 행동생태학자 존 크룩은 "사회 체계는 생태적 적응의 결과다"라고 주장하기도 했다. 어떤 면에서 인간이 가진 높은 수준의 정신적 문화와 복잡한 사회 체계는 단지 종 특이적 행동에 불과하다. 인간 세상이 참 복잡하고 정교한 것은 사실이지만 단지 그럴만한 선택압이 있었기 때문이다. 원래 우월해서 그런 것이 아니다.

여행비둘기는 육상 조류 중 가장 사회적인 동물이었다. 한때는 개체 수가 50억 마리에 달하기도 했다. 이동을 시작하면 해를 가려 사방이 어두워졌고 그렇게 며칠 동안 창공을 뒤덮었다. 한번 머무른 곳은 초토화되었다. 거대한 나무가 부러지고 땅은 배설물로 가득 찼다. 한꺼번에 수억 개의 알을 낳아 번식했다. 미대륙 전체에 있는 조류 개체의 3분의 1이 여행비둘기였던 적도 있었다.

개척 시대 미국인은 여행비둘기를 좋아했다. 정확하게 말하면 여행비둘기의 고기를 좋아했다. 기름진 가슴살이 맛있었는데 잡기도 쉬웠다. 물 반 고기 반이 아니라 새 반 공기 반이었다. 산탄총을 하늘에 대고 쏘면 여러 마리가 후두두 떨어졌다. 한 번에 61마리를 잡았다는 기록도 있다. 연기를 피우면 질식한 새들이 땅으로 떨어졌다. 허공에 그물을 치면 수백 마리의 새가 잡혔다. 여행비둘기는 곳곳으로 팔려나갔다. 신선도를 유지하기 위해서 마치 활어처럼 산 채로 거래되었다. 한 드럼통에 50센트에 불과했다.

'좋은' 시절은 오래가지 않았다. 1870년대부터 개체 수가 급감하기 시작했다. 여행비둘기는 점점 조심스럽게 행동했고 인간이 있는 곳을 피하기 시작했다. 서식지가 줄어들었다. 뒤늦게 사냥을 금지하고 보존대책을 세웠지만 너무 늦었다. 1900년, 한 소년이 비비탄 총으로 야생 여행비둘기를 잡은 것이 마지막 기록이다. 이후 몇몇 동물원이나 동물학자의 새장에 남아 있던 녀석이 차례로 죽어가면서 종 전체가 멸종했다. 인간의 무분별한 탐욕이 부른 대표적인 멸종 사례로 오래도록 회자되었다.

마음은 적응의 산물

인간행동생태학은 적응을 다룬다. 그런데 말장난 같지만 적응적인 형질이 모두 적응은 아니다. '적응adaptation'은 자연선택의 진화적 역사를 통해서 생명체에 굳어진 특징을 말한다. 그러나 '적응적adaptive'이라는 말은 현재 어떤 형질이 번식에 유리하게 작동하고 있다는 것을 말한다. 좀 헷갈리니까 '적응적 형질'을 '굴절적응exaptation'이라고 부르기도 한다.

예를 들어 비둘기의 깃털은 분명히 비행을 위한 적응이다. 그러나 처음부터 그랬을까? 아마도 체온을 보존하기 위한 목적으로 진화했을 것이다. 뜻밖에도 비행을 위한 일종의 전前적응이 되었다는 것이다. 고생물학자 스티븐 제이 굴드Stephen Jay Gould와 엘리자베스 브르바Elisabeth Vrba의 주장이다. 전적응이 목적론적인 뉘앙스를 주기 때문에 굴절적응이라는 단어를 고안한 것이다.

이와 반대 개념이 '과거의 적응'이다. 이는 한때는 적응이었지만 지금의 생태적 환경에는 맞지 않는 형질들을 의미한다. 진화의학에서 말하는 '가성병리'와 비슷한 개념이다. 가성병리란 특정 형질이 원래 진화한 환경에서는 기능적이었지만 변화한 환경에 의해 병리적 결과를 낳는 경우를 말한다. 예를 들면 남성의 병적 질투, 고칼로리 음식, 소금, 설탕에 대한 선호, 성과 다른 자원의 교환(과거에는 성을 사는 것이 남성의 적합도를 향상시켰지만 현재는 대개 그렇지 않다) 등이다.

그래서 진화심리학자는 인간행동생태학의 연구 방법을 비판하곤 한다. 그런 연구를 통해서는 적응을 찾아낼 수 없고 단지 '적응적'인 형질을 찾아낼 뿐이라는 것이다. 진화심리학자 도널드 시먼스 Donald Symons는 "인간행동생태학은 행동 형질과 번식률 사이의 상관관계를 통해서 겉보기에 그럴듯한 적응적 행동 패턴을 확립했을 뿐이다"라고 비판하기도 했다. 멀리서 보면 진화심리학이나 인간행동생태학이나 다 비슷비슷해 보이지만 내부에서는 제법 노선 갈등이 심하다.

최근까지 여행비둘기의 멸종은 인간의 탓으로 여겨졌다. 수많은 여행비둘기가 사냥된 것은 사실이다. 새고기 요리로 소소한 만찬을 즐겼지만 주변을 돌아보니 전부 사라지고 없었다. 없던 죄책

감도 생길 만하다. 그래서 여행비둘기를 복원하려는 움직임도 있다. 근연종에 유전자를 삽입하여 부활시킨다는 것이다. 물론 거기에 쓸 돈을 지금 당장 멸종 위기에 처한 동물을 보호하는 데 쓰는 일이 더 합당할 것 같지만.

아무튼 인간에 의한 여행비둘기 멸종 가설이 널리 받아들여지고 있었다. 그러나 이에 의문을 가진 사람도 있었다. "아니, 아무리 사냥을 많이 했더라도 50억 마리가 죄다 멸종하는 것이 가능한가?" 2017년, 캘리포니아대학교 연구팀은 여행비둘기 미토콘드리아 유전자 41개와 핵 유전자 2개를 분석했다. 그리고 이를 근연종과 비교해보았다. 여행비둘기의 유전적 다양성은 예상보다 너무 낮았다. 오랜 과거에는 개체 수가 수십억 마리에 달하지 않았다는 것이다.

그러고 보니 아메리카 원주민은 여행비둘기를 주식으로 삼지 않았다. 아예 안 먹은 것은 아니지만 비교적 최근에 먹기 시작했다고 한다. 오랜 전통을 가진 식문화였다면 여행비둘기와 관련한 다양한 관습과 언어, 이야기가 남아 있었을 것이다. 그러나 여행비둘기에 관한 원주민의 이야기는 다른 동물에 비해 빈약했다. 이상한 일이었다.

특정한 유전자가 확실한 선택적 이득을 가지는 경우 소위 '선택적 일소selective sweep'가 일어난다. 해당 유전자가 동일 종의 모든 개체로 널리 퍼지고 연관불균형에 의해서 그 주변에 있던 유전자도 어부지리로 널리 퍼진다. 이를 '유전적 히치하이킹'이라고 한다. 반대로 불리한 유전자가 제거되면서 인근 유전자가 도매급으로 같이 사라지기도 한다. 이를 '배경선택'이라고 한다. 히치하이킹을 하고 보니 차가 절벽으로 뛰어든 셈이다.

여행비둘기는 오랜 세월 비슷한 환경에서 무리 지어 살아왔다. 그러면서 앞서 말한 선택적 일소나 배경선택으로 인해 혈통적 연관도가 점점 줄어든 것으로 추정된다. 그리 크지 않던 균일한 개체군이 특정한 호조건을 만나 갑자기 수만 배의 크기로 불어난 것이다. 여행비둘기는 다른 새보다 우월한 '영장조'도 아니고 궁극적인 진화의 오메가 포인트도 아니다. 너무 높은 수준의 유전적 동일성은 일종의 유전적 병목 현상을 만들었고 환경은 갑자기 늘어난 개체수를 더 이상 감당할 수 없었다. 숫자는 많았지만 새로운 환경에 적응할 수 있는 유전적 다양성은 부족했다. 상황이 어려워지자 모조리 죽을 수밖에 없었다.

유전자, 행동, 인간성의 본질

구석기 말, 전 세계 인구는 약 400만 명에 불과했다. 가장 적을 때는 수천 명에 불과했던 때도 있었다. 유전적 병목을 겪으면서 인류의 유전자는 비슷비슷해졌다. 그러나 오늘날 호모 사피엔스의 개체 수는 무려 약 79억에 이른다. 이렇게 수가 폭증한 것은 아주 최근의 일이다. 전 지구적 한랭기였던 영거 드라이아스기가 끝난 후 5000년 동안 인구는 불과 100만 명 늘어났다. 사실 인류는 오랫동안 지구 생태계의 말석에 겨우 명함을 내밀고 있었을 뿐이다.

그러던 것이 어떤 이유에서인지 점점 가속도가 붙기 시작했다.

약 200년 전, 10억 명을 넘었다. 그리고 100년 전 20억 명으로 늘었다. 그리고 2020년 호모 사피엔스의 숫자는 전성기 시절의 여행비둘기보다도 많아졌다. 지금까지 지구상에 살았던 사람을 다 합치면 약 500억 명. 그런데 그중 14퍼센트가 현재 생존한 인간이다. 많아도 너무 많다. 그걸 인류가 우월한 덕분이라면서 터무니없는 착각까지 하고 있다. 아마 19세기 초반, 오만한 여행비둘기도 이렇게 외쳤을 것이다. "우리가 바로 지구의 지배자다."

　인류가 곧 멸종할 가능성이 있을까? 주변을 돌아보면 도무지 그럴 것 같지 않다. 어딜 가도 사람이 득실거리지 않는가? 하지만 갑작스러운 성공이 트위들덤이라면 갑작스러운 실패는 트위들디다. 트위들덤과 트위들디는 《이상한 나라의 앨리스》에 나오는 쌍둥이 형제다. 인류의 유전자가 서로 아주 비슷하다는 과학적 사실은 인종차별론의 허위를 뒷받침하는 훌륭한 근거가 되지만 인류의 미래를 생각하면 조금은 위태위태한 팩트다. 유전자가 동일한 쌍둥이는 흔히 동일한 질병에 걸리고 동일한 이유로 죽는다.

　한 가지 희망이 있다. 인간의 행동은 전적으로 유전자에 의해서 결정되지 않는다. 비록 인류의 유전자 그리고 중추신경계에 있는 고정 신경구조물의 기능과 생리는 놀라운 수준으로 흡사하지만 결과적인 행동 양상은 대단히 복잡다단하다. 주변을 돌아보면 금세 알 수 있다. 왜 이리 다들 제각각인지? 다양한 생태학적 환경은 복수의 '적응적' 행동 패턴을 낳았고 이는 다시 모자이크식 사회생태학적 조건을 창조했다. 비슷한 유전자를 가진 단일 종임에도 불구하고 창발적 효과를 통해서 영겁의 세월 동안 다양한 행동, 다양한 사회, 다양한 문화가 나타났다.

인간성의 본질은 시간과 공간을 가로지르며 만들어졌다. 분명히 인간의 행동 중 상당수는 굴절적응일 것이다. 또한 상당수는 가성병리일 것이다. 특히 인간의 다양한 심리적 고통, 즉 우울·불안·강박·망상·공포 등은 적응주의적 관점보다는 기능주의적 관점으로 들여다보는 것이 적합하다. 진화적 의미의 적응이란 해당 형질의 전반적 적합도에 의해 결정된다. 즉 적합도를 향상시키면 적응이고 그렇지 않으면 부적응이다. 그러나 정신의학에서 적응은 건강과 안전, 주관적 안녕, 사회적 상호 작용을 향상하는 사고나 감정, 행동을 말하며 반대로 사회적으로 바람직하지 않으며 건강 수준을 떨어뜨리는 경우 부적응이라고 한다. 이는 용어의 혼란뿐 아니라 실제로 진화적 혹은 임상적 측면에서 적응을 어떻게 측정할 것인지에 관한 실질적 문제를 야기한다. 따라서 적응보다는 기능의 차원에서 접근하는 것이 바람직하다.

인간행동생태학적 조망을 통해 기나긴 진화사도 더듬을 수 있고 앞으로의 세상도 어느 정도 점칠 수 있다. 세계의 다양한 환경 조건에 대한 통찰도 얻을 수 있다. 일찍이 하인로트는 행동을 통해 오리와 거위의 계통학적 진화사를 구축하고 동물의 세계를 이해하려고 노력했다. 이제 시공을 가르며 종횡으로 넓게 펼쳐진 인간의 세계를 탐구해보자.

정확한 심리 내적 혹은 뇌신경학적 기작, 즉 틴베르헌이 이야기한 근연 질문에 답할 수 있다면 좋을 것이다. 하지만 아직 시기상조다. 부시 미국 전 대통령은 1990년부터 2000년까지를 '뇌의 십 년'

으로 선언한 바 있다. 엄청난 연구비가 뇌 과학에 집중되었고 똑똑한 뇌를 가진 과학자라면 당연히 뇌를 연구해야 했다. 하지만 별로 달라진 것이 없다. 절치부심한 과학자들은 2012년부터 2022년까지를 '마음의 십 년'으로 재차 선언했다. 이번엔 대통령의 후원은 없었다. 그런데 두 번째 십 년도 끝나버렸다. 여전히 실망스럽다.

'어떻게'라는 질문에 대해서는 아직 쩔쩔매고 있지만 '왜'라는 궁극 질문에 대해서는 좀 더 잘 알아낼 수 있을 것이다. 생태적 환경에 따른 행동 양상의 기능성과 역기능성을 판별하고 각각의 관계에 관한 연구를 통해서 인간성의 본질을 조금씩 밝혀낼 수 있다. 그리고 이러한 인간행동생태학의 연구 결과는 역으로 정신의 구조와 생리를 이해하는 단초를 제공할지도 모른다. 소아과 의사이자 진화의학자인 폴 터크Paul Turke는 이렇게 말했다. "인간이 적응적으로 행동하는 배경을 이해하면 덤으로 인간의 심리가 형성되는 기작도 이해할 수 있다."

2

짝짓기의 기쁨과 슬픔

사랑의 적응적 가치

니콜라 레니에Nicolas Régnier, 〈골리앗의 머리를 든 다윗David triomphant tenant la tête de Goliath〉(1625년), 낭트 미술관.

다윗은 한 여인과 몰래 정을 통했다. 자신의 심복인 우리야의 아내, 밧세바였다. 우리야가 멀리 전쟁터로 출전을 나간 참이었다. 밧세바가 덜컥 임신을 하자 다윗은 불안해졌다. 우리야를 궁전으로 불러 궁금하지도 않은 전황을 묻다가 귀가시켰다. 오랫동안 만나지 못했으니 분명히 집에 가면 아내와 동침할 것이라고 생각했다. 그럼 누가 아버지인지 아무도 모를 것이고 완전 범죄가 될 수 있었다.

그런데 우리야는 집에 가지 않았다. 부하들이 벌판에서 적과 싸우며 고생하는데 자신만 편히 쉴 수 없다고 말했다. 다윗은 할 말이 없었다. 다윗은 그를 가장 험한 전선으로 보냈다. 그리고 몰래 다른 병력을 뒤로 물렸다. 우리야는 전사하고 말았다. 다윗은 과부가 된 밧세바를 왕비로 삼았다. 둘 사이의 첫아들은 죽었지만 둘째 아들은 건강하게 자랐다. 솔로몬이었다.

자연선택과 성선택은 다윈 진화론의 중요한 두 기둥이다. 성선택도 넓은 의미에서 자연선택에 포함되지만 워낙 흥미로운 현상을 유발하는 경우가 많기 때문에 별도로 설명하곤 한다. 자연선택은 서로 다른 형질을 가진 개체가 상이한 생존력을 가지기 때문에 발생한다. 이를테면 목이 긴 기린이 나무의 이파리를 뜯어먹는 데 유리하기 때문에 더 잘 살아남는 식이다. 직관적이다.

그런데 성선택은 조금 다르다. 짝을 만나 성공적으로 자손을 낳을 가능성이 개체마다 다르기 때문에 발생한다. 기린이 목이 길다고 해서 짝을 잘 만나는 것은 아니다. 유전자의 '잘남'과 번식 가능성에는 대개 높은 관련성이 있지만 꼭 그런 것은 아니다. 유성생식이 시작된 10억 년 전부터 짝을 잘 만나 자식을 낳는 개체가 번성했다. 현재 살아 숨 쉬는 생물의 직계 조상 중에서 짝짓기에 실패한 조상은 단 하나도 없다.

그런데 동물의 세계에서 짝 선택은 주로 암컷의 몫이다. 암컷은 어떤 수컷을 선택할지 까다롭게 고른다. 주로 암컷이 자식에게 더 많은 자원과 시간을 할당하기 때문에 나타나는 현상이다. 비쌀수록 신중할 수밖에 없다. 그래서 자연의 세계에서는 주로 수컷들이 암컷의 관심을 끌기 위해 안간힘을 쓴다. 화려한 깃털을 휘날리는 새나 형형색색의 빛깔을 자랑하는 딱정벌레의 자태는 박물학자를 즐겁게 해주려는 것도, 신의 영광을 드높이려는 것도 아니다. 단지 암컷에게 잘 보이려는 것이다.

하지만 좀 더 적극적인 방법을 취하는 경우도 있다. 외모나 행동의 '멋짐'을 외부에 전시하는 것보다 더 노골적인 방법이다. 그 첫 번째 전략은 멀리 있는 짝을 '얼른' 찾아내서 수작부터 벌이는 것이다. 정확한 대상 포착과 신속한 순발력이 생명이다. 다윗은 궁전에서 멀리 떨어져 있던 여인을 옥상에서 한눈에 발견했다. 아마 다윗은 좋은 시력을 가지고 있었을 것이다. 그는 원래 양치기 목동이었다. 목동은 시력이 좋아야 한다. 그래야 길 잃은 양도 찾고, 늑대도 피할 수 있기 때문이다. 이처럼 좋은 시력으로 짝을 찾고 보자마자 망설임 없이 신속하게 접근하는 전략을 '스크램블 기작'이라고 한다. 강제로 암컷과 교미하는 경우도 있다. 자연의 세계에는 도덕도, 윤리도 없다. 이를 '강압 기작'이라고 한다.

다윗은 한낱 어린 양치기에 불과했다. 사울은 두통이 심했는데 하프 소리를 들으면 두통이 좀 나아질 것 같았다. 다윗은 하프를 잘 연주했다. 싸움도 잘하고 외모도 출중했지만 출세의 발판은 하프였다. 수금을 연주하며 인연을 쌓았다.

절호의 찬스가 왔다. 블레셋이 전쟁을 걸어온 것이다. 블레셋은 팔레스타인의 원래 이름이다. 물론 직계 후손이라고 할 수는 없지만, 아무튼 두 민족의 기나긴 악연은 기원전 11세기경 다윗과 골리앗의 싸움에서 시작했다.

전설이지만 골리앗은 키가 3미터에 달했다고 한다. 엄청난 무게의 갑옷에 거대한 창을 가지고 있었다. 하지만 다윗은 아니었다. 사울이 건네준 갑옷을 입고 칼을 들어보았지만 좀처럼 다룰 수가 없었다. 평소대로 싸우기로 했다. 목동 지팡이 하나와 돌 다섯 개를 들고 나섰다. 투석기로 돌을 던져 이마를 정통으로 맞추었다. 골리앗이 쓰러졌다. 다윗은 재빨리 목을 베어버렸다. 이스라엘의 첫 승리였다. 하프를 좋아하던 양치기 다윗은 일약 이스라엘의 대스타가 되었다.

용기 있는 자가 누구냐

성선택은 주로 성 간 선택으로 일어난다. 암컷이 직접 수컷을 선택하는 것이다. 하지만 수컷끼리 싸우는 경우도 있다. 암컷이 한곳에 모여 있으면 수컷도 따라서 모여든다. 수컷들은 옆에 있는 다른 수컷이 아주 성가실 것이다. '저 녀석만 없으면 암컷의 사랑을 독차지할 텐데…….' 수컷 간의 싸움은 필연이다. 이를 성 내 선택이라고 한다. 이게 끝이 아니다. 교미 후 정자선택도 있다. 암컷의 번식 기관에 여러 개체의 정자가 시공간적으로 중복되는 경우, 정자의 양이나 질을 통해서 경쟁하는 현상이다.

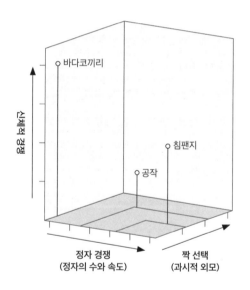

여러 성선택 기작의 상대적 중요성. 수컷의 성선택 효과는 다양한 차원에서 상이하게 나타날 수 있다.

성 내 선택으로 인해 수컷의 몸집이 암컷보다 커졌다. 몸집이 커야 싸움에서 유리하다. 송곳니나 뿔도 마찬가지다. 강인한 힘과 거대한 몸집, 강력한 무기로 무장하는 것이다. 일단 체급에서 차이가 나면 싸움은 대부분 싱겁게 끝나버린다. 더 작은 놈이 꼬리를 내린다. 자연의 일반적인 법칙이다.

몸집이나 힘보다 민첩성이 더 중요한 경우도 있다. 무기도 중요하다. 동물의 경우에는 뿔이나 이빨, 발톱 등 어떤 무기라고 해도 서로 조건이 엇비슷하다. 하지만 인간의 경우는 서로 같은 무기를 쓰라는 법이 없다. 이종 격투기에서 다윗처럼 돌팔매질을 하면 실격되겠지만 실전은 다르다. 이러한 수컷 간의 직접적인 물리적 경쟁을 '시합 기작'이라고 한다.

사울은 다윗의 승리가 신경 쓰였다. 백성들이 모두 다윗을 따랐고 심지어 자신의 딸도 그랬다. 계략을 꾸며 험한 곳으로 싸우러 보냈는데 뜻밖에 승전보만 날아왔다. 사울은 결국 우울증에 빠졌다. 다윗은 도망쳤다. 다윗을 잃은 사울은 블레셋과의 전쟁에서 패하자 스스로 칼 위에 엎드려 목숨을 끊었다.

사울의 자살은 기원전 11세기경이다. 사울의 왕권은 그리 강하지 않았다. 선지자 사무엘의 지명을 받아 왕위에 오른 것이라서 지지 기반이 약했다. 새로운 샛별, 이스라엘의 '뉴 라이징 스타' 다윗을 보는 사울의 마음은 아주 착잡했을 것이다. 결국 다윗은 사울의 자리에 올랐다. 이스라엘의 두 번째 왕이다. 사울의 후손은 대부분 죽거나 은둔하며 비참하게 삶을 마쳤다.

승리는 영원하지 않아

지배적 수컷이 여럿의 암컷을 거느리는 시스템을 '하렘'이라고 한다. 주로 수컷 사이의 직접 경쟁을 통해서 독점적 번식권을 얻는다. 암컷 입장에서는 좀 불공평한 것 같지만 진화적으로는 그렇지 않다. 가장 강력한 수컷과 교미하는 편이 암컷에게도 유리한 전략이다. 자기 아들이 알파 수컷이 될 가능성을 조금이라도 높이려면 말이다.

다자단웅(여러 암컷, 하나의 수컷)의 짝짓기를 하는 종은 주기적인 왕권 교체가 늘 일어난다. 대표적인 경우가 바로 사자다. 사자의 하렘을 흔히 '프라이드'라고 하는데 보통 하나의 수컷이 모든 암컷을 거느린다. 육식동물만 그런 것이 아니다. 개코원숭이나 고릴라 등의 영장류, 붉은사슴과 같은 초식동물, 코끼리물범 등의 해양 포유류를 비롯하여 수많은 조류와 어류, 곤충이 이러한 시스템을 취한다. 반대로 단자다웅(하나의 암컷, 여러 수컷)의 하렘은 없을까? 많은 남성을 거느린 여왕의 이야기는 뭇 사람들의 호기심을 자아내지만 알려진 바는 없다. 잠재적 번식률의 성차 때문이다. 일반적으로 암컷 쪽이 번식적 병목이다. 암컷은 수많은 수컷을 거느린다고 해도 별로 얻는 이득이 없다. 많은 수컷을 거느린다고 임신과 출산의 가능성이 많이 늘어나지 않는다. 암컷은 차라리 리더 수컷에 집중하는 편이 낫다. 귀한 임신과 출산의 기회를 2순위, 3순위 수컷에게 줄 이유가 없는 것이다.

하렘은 수컷 사이의 격렬한 경쟁을 유발한다. 어떤 승자도 영원할 수 없다. 왕위에 오른 수컷도 언제든 쫓겨날 수 있다. 그런데 쫓겨난 수컷은 어떻게 될까? 갈까마귀의 경우, 리더의 자리에서 쫓겨난 수컷은 바로 아래 순위로 내려간다. 콘라트 로렌츠에 의하면 이런 시스템에서 순위 경쟁은 바로 위아래 사이에서만 발생한다. 1등은 2등과 치고받고 싸우지만 3등과 4등 그리고 심지어 꼴등에게도 정중하다는 말이다.

하지만 이런 경우는 흔하지 않다. 많은 종에서 1등은 2등뿐 아니라 꼴등에게도 온갖 위세를 부린다. 닭도 그렇고 내 경험으로는 인간도 그렇다. 이런 사회에서는 1등에서 밀려나면 바로 날개 없는 추락이다. 말석에 붙어 있기도 어렵다. 아예 무리에서 완전히 배제당한다. 집단의 가장 끄트머리에 있던 녀석이 어제까지 왕으로 섬기던 녀석을 노골적으로 밀어내는 것이다. 급격한 서열 하락과 사회적 고립은 깊은 우울감을 유발한다. 아마 사울의 마음도 그랬을 것이다.

솔로몬은 다윗의 아들이었지만 세력은 약했다. 왕위를 계승할 가능성은 희박했다. 넷째 아들 아도니야의 세력이 훨씬 막강했다. 하지만 솔로몬의 어머니, 밧세바가 다윗에게 도움을 청했다. 다윗은 전남편을 죽인 원수였지만 그래도 아들의 미래를 밝혀줄 수 있는 왕이었다. 다윗은 솔로몬의 손을 들어주었다. 솔로몬은 어머니 덕분에 왕위에 올랐다.

유전자의 잭팟을 찾아서

수컷과 암컷의 번식 전략 차이는 궁극적으로 생식세포의 상대적 크기 차이와 양육 투자 수준의 성차에서 기인한다. 이런 차이는 베이트먼 경사Bateman gradient를 유발한다. 베이트먼 경사란 번식적 성공의 차이가 여성보다 남성에서 더 크게 나타나는 현상으로 짝 숫자의 변화가 번식 결과에 미치는 영향이 통계적으로 남성에서 더 크게 나타난다. 이는 다시 양육 투자 수준과 번식 기간, 짝짓기 기간의 차이를 유발하며 수컷 간 경쟁과 암컷의 까다로운 선택을 유발한다. 이를 통틀어서 다윈-베이트먼-트리버스-파커 패러다임 Darwin-Bateman-Trivers-Parker paradigm이라고 한다.

암컷이 높은 지위를 가진 수컷을 선호하는 이유가 무엇일까? 갈 까마귀의 경우 암컷은 자신과 짝을 지은 수컷의 지위를 그대로 적 용받는다. 즉 남편이 대통령이면 아내는 자동으로 영부인이 되는 것 이다. 로렌츠는 이렇게 말했다.

갈까마귀 부부는 다른 갈까마귀랑 싸울 때 충실하고 용감하게 단결 하여 싸우기 때문에 부부 사이에는 원래부터 서열이 존재하지 않는 다. 다른 갈까마귀와의 싸움에서는 자동적으로 둘 다 동일한 서열을 가지게 된다. 그러므로 암컷은 약혼함으로써 자동으로 수컷의 서열 에 오르게 되는 것이다. 그러나 신랑이 신부의 서열에 오르는 경우 는 없다. 깨뜨릴 수 없는 갈까마귀 사회의 법률로 하위에 있는 수컷 이 상위에 있는 암컷과 절대 결혼할 수 없기 때문이다.

진화심리학자 데이비드 버스David Buss와 마이클 반스Michael Barnes는 종종 여성이 자신보다 사회적 지위가 높은 남성을 선호하는 현상, 즉 양혼에 대해 '구조적 무기력과 성 역할 사회화' 가설을 제안했다. 이 가설은 전근대 사회에서 여성이 사회적 지위를 스스로 높일 방법이 마땅치 않았기 때문에 지위가 높은 남성과 결혼해 자신의 지위를 높이려 했다고 설명한다.

왕비의 자리에 오르기까지 밧세바의 의지가 어떠했는지 알 길은 없지만 결과적으로 진화적 이득이 다음 대에서 꽃을 피웠다. 밧세바의 아들, 솔로몬이 왕위에 오른 것이다. 솔로몬은 왕비를 700명, 후궁을 300명이나 두었다. 밧세바의 유전자는 엄청난 속도로 유전자 풀을 채우기 시작했을 것이다. 그에게는 천여 명의 며느리가 있었다. 하렘 사회는 소수의 선택된 수컷에게 유전적 잭팟을 안겨주지만 선택받은 소수의 암컷에게도 (아들을 통해서) 잭팟을 안겨주기는 마찬가지다.

아가雅歌는 아름다운 노래라는 뜻이다. 영어로는 'song of song' 혹은 'song of Solomon'이라고 한다. 솔로몬이 지은 노래로 알려져 있다. 혹시 성경을 한 번도 읽어보지 않은 독자라면 아가를 먼저 펴보기 바란다. 성경이 어떻게 이런 야한 이야기를 담고 있을지 놀랄지 모른다. 아가는 이렇게 시작한다.

"가장 아름다운 솔로몬의 노래. 그리워라. 뜨거운 임의 입술, 포도주보다 달콤한 임의 사랑. 임의 향내, 그지없이 싱그럽고 임의 이름, 따라놓은 향수 같아. 아가씨들이 사랑한다오. 아무렴, 사랑하고 말고요. 임을 따라 달음질치고 싶어라. 나의 임금님, 어서 임의 방으로 데려가주세요. 그대 있기에 우리는 기쁘고 즐거워, 포도주보다 달콤한 그대 사랑 기리며 노래하려네.”

눈먼 사랑의 가치

짝짓기를 둘러싼 수많은 진화적 갈등에도 불구하고 변치 않는 사실이 있다. 짝짓기는 사랑의 감정을 동반한다는 점이다. 알고 보면 치열한 계산과 까다로운 번식 가능성에 관한 숙고를 통해서 짝을 고른다고 하더라도 당사자가 느끼기에는 '눈먼 사랑'이자 '조건 없는 사랑'이다.

갈까마귀는 어느 날 갑자기 사랑에 빠진다. 말 그대로 '첫눈'에 반한다. 그리고 바로 약혼해버린다. 같이 어울리다 점점 친해지는 것이 아니다. 외려 한동안 별거하던 한 쌍이 갑자기 냉담했던 관계를 깨고 뜨거워지기도 한다. 로렌츠의 관찰 결과다. 프랑스도 아니고 독일에 사는 갈까마귀가 그랬다니…….

신경과학자 야크 판크세프Jaak Panksepp는 인간을 비롯한 포유류에서 탐색·분노·공포·공황·유희·보살핌·욕정의 일곱 감정이 나타난다고 했다. 탐색부터 유희는 자신의 안전이나 즐거움, 학습과 관련된 것이고 보살핌은 자식을 위한 것이다. 욕정은 물론 '임'을 위한 것이다. 번식 행위에 동반하는 '사랑' 혹은 '욕정'의 감정은 그리 이성적이지 않다. 그런데 번식 행위는 번식적합도에 바로 반영되는 아주 핵심적인 행동 양상이다. 번식 행위가 그렇게 중요하다면 '눈먼 사랑'보다는 '냉철한 판단'에 맡기는 편이 좋지 않을까? 그러나 갈

까마귀부터 다윗에 이르기까지 이 중차대한 의사 결정을 그저 제멋대로인 '감정의 손'에 내맡긴 것이다. 심지어 지혜롭다는 솔로몬도 그랬다.

경제학자 로버트 프랭크Robert Frank에 의하면 감정은 의사 결정을 돕는 기능을 한다. 특히 사랑은 짝 결속을 강화하고 협력적 양육을 하는 안정적 구성 단위를 유지해준다. 다른 이성의 유혹을 거절하거나 무시하면서 안정적인 관계를 통한 장기적 보상을 얻게 된다.

일단 약혼한 갈까마귀는 강력한 공동체를 형성한다. 짝을 위해서라면 격렬한 투쟁도 불사하는데 이러한 결속을 통해서 더 좋은 둥지를 빼앗거나 자신의 둥지를 지켜낸다. 로렌츠의 말을 빌리면 "1미터 이상 떨어지지 않고 일생을 함께 걸어가는 것"이다. 수컷은 맛있는 것을 발견하면 반드시 암컷의 입에 넣어주고 암컷은 이 선물을 애걸하듯이 겸손하게 받아먹는다. 심지어 갈까마귀 짝은 '이야기'할 때 애교 섞인 목소리로 서로 속삭인다. 갈까마귀는 이렇게 오글거리는 사랑을 나누면서 오래오래 해로한다.

솔로몬은 지혜의 왕으로 널리 알려져 있는데 심지어 마법도 자유자재로 부릴 수 있었다. 물론 전설이다. 다윗은 이스라엘의 수도를 예루살렘으로 정했고 솔로몬은 그 뜻을 이어받아 거대한 신전을 짓기 시작했다.

전설에 의하면 신은 솔로몬에게 반지를 주었다. 구리와 철로 만들어진 특별한 반지였다. 요정을 지배하며 동물의 말을 알아들을 수 있었다. 악령도 좌지우지할 수 있었다. 그래서 아스모데우스라는 악령도 솔로몬에게 잡혀 신전 건설에 '무급'으로 동원되었다. 아스모데우스는 절치부심하여 반지를 빼앗아 바다에 던져버렸다. 솔로몬은 힘을 잃고 거지꼴이 되어 세상을 방랑했다. 그러다가 우여곡절 끝에 바다에서 잡은 물고기의 배에서 반지를 발견한다. 그래서 다시 힘을 회복하고 왕으로 복귀했다.

어디서 본 듯한 스토리다. J. R. R. 톨킨의 《반지의 제왕》이 유럽의 오랜 전설인 '솔로몬 왕의 반지'에서 착안한 것일까? 사우론Sauron의 모델이 솔로몬Solomon이라는 이야기가 있다. 물론 답은 톨킨만 알고 있을 것이다.

인간의 사랑, 진실과 거짓 사이에서

콘라트 로렌츠는 위대한 과학자인 동시에 훌륭한 수필가였다. 그의 아름다운 글 중 하나가 바로 《솔로몬 왕의 반지King Solomon's Ring》다. 제목만 보면 솔로몬 왕은 반지의 힘을 빌려 짐승이나 새, 물고기, 곤충과 이야기할 수 있었지만 로렌츠 자신도 못지않다는 포부처럼 보인다. 게다가 자신은 반지가 없이도 대화할 수 있으니 솔로몬보다 더 낫다고 자신만만하게 주장한다.

로렌츠가 동물과 대화할 수 있었는지 모르겠지만 사실 인간을 연구하는 입장에서는 그런 조건이 오히려 부럽다. 동물은 좀처럼 거짓말을 하지 않는데 인간은 종종 자신도 모르는 거짓말을 한다. 특히 성선택과 관련된 주제에 대해서는 더욱 그렇다. 섹스와 관련해서 진실만을 말하는 경우도 적다. 사랑해도 아니라고 하거나 사랑하지 않으면서 사랑한다고 하는 것이 인간이다. 그래서 성선택 연구는 동물행동학 연구가 간명하고 확실하다. 인간 사회에서 동물의 세계에서 관찰된 것과 완전히 같은 현상이 발견되어도 늘 항변이 쏟아진다. '인간은 예외'라는 것이다. 과도한 인간 중심적 자의식이 부른 학문적 참사다.

아무튼 반지 덕분에 솔로몬은 동물의 말을 이해할 수 있었다지만 정말 붕어랑 수다나 떨고 있었을까? 그가 한가하게 파리랑 이야기하고 싶지는 않았을 것 같다. 아마도 몇 겹의 기만으로 꽁꽁 가려져 있는 인간의 말 속에 숨겨진 '진실한 동물의 말'을 들었을지도 모른다. 물론 인간의 관점에서 본 동물의 이야기다.

어디 내놔도 손색없는 콩가루 집안에서 태어난 솔로몬이다. 일단 아버지와 어머니가 만나게 된 이야기부터 참 경악스럽다. 형제 복도 없었다. 큰 형은 칼에 찔려 죽었고 둘째 형은 요절했고 셋째 형도 창에 찔려 죽었다. 넷째 형 아도니야는 솔로몬과 왕위를 놓고 암투를 벌이다 죽었다. 삐뚤어지지 않은 것이 다행이다. 거짓된 인간의 말 속에 숨겨진 '동물의 말'을 듣고 싶었는지도 모른다. 솔로몬은 또 다른 자신의 글,《코헬렛》에서 이렇게 말했다.

사람이란 본디 짐승과 조금도 다를 것이 없다는 것을…… 사람의 운명은 짐승의 운명과 다른 바 없어……

차별적 자원 공급(성적 불평등)이나 대안적 번식 전략(강간) 등도

무지 인정하고 싶지 않은 현상이 인간 사회에서 항상 일어나고 있다. 동물의 세계나 다름없다. 오리 수컷은 오늘도 강압적으로 암컷 오리를 겁탈하고 있을 것이고, 새로 우두머리가 된 수컷 사자는 기존의 새끼를 죄다 물어 죽일 것이며, 일부일처제 생활을 하는 제비의 25퍼센트는 오늘도 혼외정사를 벌이고 있을 것이다. 똑같은 일이 인간 세계에서도 끊임없이 반복된다. 잔혹한 진화 치정극이다.

하지만 너무 실망하지 말자. 1만 년 전 간빙기가 시작된 이후 시작된 남녀 간의 차별적 자원 공급은 최근까지 계속되었다. 그러나 1만 년을 뺀 나머지 기간에, 즉 압도적으로 긴 인류 진화의 기간 동안 남성과 여성은 강력한 짝 동맹을 맺어 협력해왔다. 강간은 언제 어디서나 있었겠지만 항상 '대안적' 번식 전략에 머물 수밖에 없다. 여아 낙태나 영아살해의 전통도 그렇다. 여성 포유류가 양육 환경 조건에 대응해 자손의 성비를 조절한다고 제안한, 트리버스-윌러드 효과Trivers-Willard effect가 불러온 '인간적 현상'인지 모르지만 우리나라에서는 불과 수십 년 만에 성비 불균형이 거의 사라졌다. 혼외정사도 마찬가지다. 미국의 경우, 남성의 20~40퍼센트, 여성의 20~30퍼센트가 외도나 간통, 혼외정사를 하는데 그래 봐야 겨우 제비 수준이다. 이는 곧 미국인의 60~80퍼센트가 정절을 지킨다는 말이다.

첫눈에 반해 서로 협력하며 평생 해로하는 성적 전략은 인류 진화사 내내 주류 전략이었다. 아마 앞으로도 그럴 것이다.

3

왜 남에게 아이를 맡기는가

양육 전쟁과 가족의 조건

뻐꾸기 새끼에서 먹이를 주는 울새.

나는 최근 아이오와주의 메럴Merrel 박사의 이야기를 들었다. 이전에 일리노이주에서 메럴 씨는 푸른어치의 둥지에 뻐꾸기의 새끼와 어치의 새끼가 같이 있는 것을 보았다는 것이다. 두 새끼 모두 깃털이 나 있었으므로 쉽게 식별할 수 있다고 했다…… 자기 어미의 손에서 길러질 때보다도 다른 종의 본능을 이용하여 그 새끼가 더욱 튼튼해진다면 그러한 것으로써 이 옛날의 새 또는 양자의 새끼가 이익을 얻었음에 틀림없다.

- 찰스 다윈, 《종의 기원》(1859년) 중에서

어떤 뻐꾸기는 절대 스스로 새끼를 키우지 않는다. 두견과에 속하는 141종의 뻐꾸기 중 무려 59종이 자신의 새끼를 남의 손에 맡긴다. 알을 다른 종 혹은 같은 종 다른 어미의 둥지에 낳는다. 양부모는 엉뚱한 알을 정성껏 부화시키고 나중에 열심히 먹이도 실어나른다. 생물학자들은 이를 '탁란'이라고 한다. 정말 이상해 보이지만 제법 오랜 기원을 가진 양육 본능이다. 적어도 6000만 년 이상의 역사를 가지고 있다. 물론 오해는 말자. 조류 대부분은 '성실하게' 자기 알을 직접 부화하고 키운다. 9000종에 달하는 전체 조류 중 오직

1퍼센트에 불과한 102종만 탁란조다. 과family로 따지면 고작 5개 과에서만 일어난 일이다. 벌꿀길잡이새과Honeyguides와 아프리카납부리새과Estrildid에 속하는 수십 종, 그리고 미국찌르레기에 속하는 몇몇 탁란찌르레기, 오리과에 속하는 아메리카원앙 등이다.

찰스 다윈은 《종의 기원》 제7장에서 뻐꾸기의 탁란 현상에 대해서 이야기했다. 노예를 만드는 개미, 벌집을 만드는 꿀벌의 행동처럼 상식으로는 좀처럼 설명하기 어려운 본능과 함께 탁란을 언급했다. 다윈은 뻐꾸기의 이런 '기묘하고 밉살스러운 본능' 이 자연선택에 의해 일어나는 자연스러운 결과라고 말했다.

자연의 세계에서 탁란은 흔하지 않지만 아주 드문 현상도 아니다. 조류 외에도 일부 어류나 곤충이 이러한 탁란을 한다. 그리고 더넓게 보면 인간도 가끔 탁란을 한다.

사직골 한 부잣집의 여종, 언년이는 주인집 아씨와 소꿉친구로 함께 자랐다. 아씨가 시집을 가자 언년이도 계집종으로 따라갔다. 그리고 공교롭게도 아씨와 비슷한 시기에 둘 다 딸을 낳았다. 그런데 아씨는 아기를 낳다 그만 죽어버렸다. 그 탓에 언년이의 딸 간난이는 젖도 제대로 물지 못했다. 언년이의 젖은 아씨의 딸 차지였다. 행랑채에서 배를 곯으며 죽어가는 언년이의 친딸. 언년이는 자기 딸에게몰래 젖을 주다가 마님에게 모진 매를 맞는다. "한 번만 (더) 네 자식에게 젖을 물리면 경을 칠 줄 알아."

자기 자식은 배고파 우는데 주인집 딸 연주에게 젖을 물려야 하는처지다. 남편도 없다. 머슴살이를 하던 남편은 동학운동을 하다 죽었다. 설상가상 어느 날 간난이가 생인손을 앓는다. 손가락을 침범하는 감염성 질환이다. 앓고 있는 딸을 보며 반쯤 정신을 잃은 언년이. 몰래 자기 딸과 아씨 딸을 바꿔 쳤다. 주인이자 소꿉친구였던 아씨에게는 정말 미안한 일이었지만, 언년이는 속으로 되뇐다.

'생인손 나을 때까지만, 생인손 나을 때까지만……'

– 한무숙,《생인손》(1987년) 중에서 수정 발췌

살리기 위해 버린다

아메리카원앙은 흔히 나무에 생긴 빈 공간에 둥지를 튼다. 암컷은 알을 낳고 먹이를 구하러 다닌다. 수컷은 부화가 시작되면 곧 암컷을 떠나버린다. 한 번에 보통 10개에서 12개의 알을 낳는다. 그런데 한 아메리카원앙 집단을 조사해보니 무려 95퍼센트의 둥지에 탁란이 일어난 것 아닌가? 아메리카원앙은 같은 종의 둥지나 비슷한 종의 둥지에 탁란을 한다. 어떤 둥지엔 무려 30개가 넘는 알이 담겨 있었다. 이래서는 제대로 된 부화가 불가능하다. 도대체 무슨 일이 일어난 것일까?

18세기 후반, 에드워드 제너Edward Jenner는 어른 뻐꾸기가 얼른 겨울을 나기 위해서 이동해야 하므로 알을 보살필 시간이 없어 탁란이 생긴다고 했다. 많이 들어본 이름이다. 우두 백신을 처음으로 접종한 바로 그 의학자 제너 박사다. 병든 소만 관찰한 것이 아니라 뻐꾸기도 열심히 관찰했다. 성공회 사제였던 길버트 화이트Gilbert

White도 탁란을 알고 있었지만 도무지 이유를 짐작할 수 없었다. 흔히 '사제 박물학자'로 간주되는 이들이 자연을 관찰한 이유는 신의 위대함을 증명하려는 것이었다. 그래서 탁란에 대해 "모정에 대한 괴물 같은 분노"라고 다분히 감정적으로 말하기도 했다. 어머니가 자기 아이를 돌보는 것은 '자연의 법칙'인데 남의 둥지에 알을 내 버리고 가다니…… 뻐꾸기 위장이 너무 '뚱뚱'해서 알을 못 품는 것은 아닌지 제안하기도 했다.

그러나 다윈은 분노하지 않았다. 탁란이 자식에게 더 도움이 된다면 그런 행동은 자연선택될 것으로 생각했다. 알을 다른 둥지에 투기하는 행동의 진화적 궁극 원인에 대해서는 몇 가지 가설이 있다. 첫째, 포식자를 만나 알을 잃어버릴 경우를 대비하여 미리 위험을 회피하는 것. 둘째, 둥지가 부족해서 어쩔 수 없이 다른 둥지를 이용하는 것. 셋째, 자신의 둥지가 파괴되었을 때. 넷째, 친족의 둥지를 공유하는 것. 다섯째, 번식 성공 가능성을 높이기 위해서 두루두루 둥지를 활용하는 것 등이다. 넷째 방법은 이종 탁란에서는 적용되기 어렵지만 나머지는 모두 그럴듯한 가설이다.

자식과 가까이 지내고 싶은 끈끈한 모정은 진화적 형질이다. 그러나 반대의 형질도 진화하지 말라는 법이 없다. 한무숙의 소설,《생인손》처럼 말이다. 탁란은 새끼의 적합도를 높이기 위해서 선택된 적응적 행동이다. 비정하고 야비한 모정이 아니다. 사실 정반대다. 좀처럼 받아들이기 어려운 역설이지만 새끼를 버리는 것은 새끼를 살리기 위한 고육지책이다. 다윈은 이렇게 말했다.

만일 어떤 뻐꾸기가 태어나서 가능한 많은 먹이를 얻는 것이 대단히 중요하다면 – 아마도 이것은 사실일 것으로 생각되지만 – 나는 뻐꾸기가 세대를 거듭하는 동안에 배다른 형제를 쫓아내는 일에 필요한 맹목적인 욕구와 힘, 구조를 점차로 얻어왔으리라는 데에 아무런 어려움도 생각할 수 없다. 이 특유한 본능을 획득하기에 이르는 제일보는 어린 새끼가 나이와 힘이 들었을 때의 무의식적인 조포(거칠고 사나운 성격)인 것이며 이 습성이 나중에 개량되고 차츰 초기의 나이에 전해진 것인지도 모른다. 어느 것이든 간에 자연선택의 모든 이론과 일치하며 또한 부합되지 않으면 안 된다…… 의심할 여지 없이 대단히 설명하기가 어려운 많은 본능을 자연선택의 이론에 대응시킬 수 있다.

– 찰스 다윈, 《종의 기원》 중에서

내 새끼 확인의 군비 경쟁

왜 남의 새끼를 키우는 것일까? 아무리 생각해도 탁란을 받아들이는 입장에서는 얻을 것이 없어 보인다. 소중한 시간과 자원을 '엉뚱한 새끼'에게 할당하는 것이 아닌가?

뻐꾸기 새끼는 숙주의 새끼보다 먼저 알을 깨고 나온다. 그리고 꼬물거리면서 다른 알을 둥지 밖으로 밀어낸다. 원래 주인의 알은 땅으로 떨어져 산산이 조각난다. 그리고 얌체처럼 양부모의 사랑을 독차지한다. 좀처럼 둥지를 떠나지 않는다. 종종 양부모보다도 몸집이 훨씬 커진다. 당하는 쪽의 입장에서는 어딜 봐도 좋을 게 없다. 친자식도 잃고 남의 자식을 위해 뼈 빠지게 일하는 꼴이다.

그래서 숙주 종은 대략 세 가지 방법으로 대응한다. 일단 어미 뻐꾸기가 알을 낳으러 오는 것을 결사적으로 막는다. 그리고 이전에 낳았던 알과 영 다르게 생긴 알이 둥지에 있으면 그 알은 품지 않는다. '자신의 피가 섞인' 알의 크기와 색깔, 무늬 등을 기억하는 것이다. 또한 다른 알에 비해서 너무 다르게 생긴 알이 있으면 얼른 골라낸다. 한배로 낳은 알의 크기도 제각각이지만 그래도 남의 알보다는 서로서로 더 비슷하다. 알 크기의 개체 내 분산이 종 간 분산보다 작다는 원리를 이용한 것이다. '내 알'이 아니라고 판단하면 곧 알은 버려진다.

인간은 어떨까? 우리는 태반 포유류이므로 어머니는 남의 자식을 임신할 걱정이 없다. 그러나 아버지는 다르다. 뻐꾸기처럼 아버지가 양육에 무관심하다면 모르지만 인간은 부성 투자가 예외적으로 막대한 종이다. 그래서 '부성 확실성'에 비상한 관심을 가지도록 진화했다. 유전자의 관점에서 보면, 아버지는 확실한 친자식에게만 투자해야 한다. 여러 단서를 가지고 친자를 '감별'해 내는데 그중 하나가 바로 얼굴의 닮음이다. 그래서일까? 아이가 태어나면 사람들은 아기가 아빠와 닮았는지에 대해서 주목한다. 연구에 따르면 아내와 처가 식구는 아이가 아빠를 닮았다고 강조한다. 아버지가 자신과 닮은 자식을 더 가깝게 여기고 더 많은 자원을 투자하기 때문에 벌어지는 일이다.

탁란조라고 이런 '친자' 확인을 수수방관하지는 않았다. 점점 숙

응답자	닮았다고 생각하는 사람						
	엄마	아빠	엄마 친척	아빠 친척	부모 둘 다	손위 형제자매	기타
엄마	16	69	10	5	2	12	8
아빠	17	58	6	7	3	9	11
엄마의 친척	22	42	4	3	6	5	3
아빠의 친척	11	27	7	7	2	4	2

"아이가 누구를 더 닮았다고 생각하나요?"

미국에서 111건의 홈비디오를 조사한 결과 엄마보다는 아빠를 닮았다는 대답이 많았다 (Daly & Wilson 1982).

주 종의 알과 비슷한 알을 낳도록 진화했다. 이러한 경향은 모계 유전된다. 어머니와 외할머니, 외할머니의 어머니, 외할머니의 외할머니…… 딱새의 둥지에 탁란하는 뻐꾸기는 파란색 알을, 개개비의 둥지에 탁란하는 뻐꾸기는 녹색 점박이 알을 낳는다. 게놈 각인을 통해 일어나는 현상이다. 같은 종의 뻐꾸기가 다른 모양과 색을 가진 알을 낳는다. 암컷 뻐꾸기는 자신의 딸을 직접 만나본 일이 없으니 서로 알아볼 수도 없을 테다. 하지만 비슷한 색과 모양의 알을 낳는 젊은 뻐꾸기를 보며 '혹시 내 딸?'이라고 생각할지도 모르는 일이다.

기만하려는 쪽과 기만당하지 않으려는 쪽. 진화적 군비 경쟁이 일어났다. 속는 쪽에서는 무슨 수를 써서라도 친자 확실성을 보장하려고 최선을 다했고 속이는 쪽에서는 숙주의 알을 죄다 깨버리고 양부모의 사랑을 독차지하려고 최선을 다했다.

그런데 놀라운 예외가 있다. 일부 종은 순순히 탁란을 받아들인다. 탁란된 녀석도 양부모의 새끼와 제법 사이좋게 지내는 경우가 있다. 도대체 어찌 된 일일까?

M은 젊은 시절 유곽을 자주 드나들다가 성병에 걸려 생식 능력을 잃었다. 그런데도 그 사실을 숨기고 결혼을 했다. 건강 상태를 몰래 숨기고 결혼한 M의 행동은 칭찬받기 어려운 일이었는데, 그 사실은 그의 의사 친구만 알고 있었다. 그런데 어느 날 M은 자신의 아내가 임신을 했다는 사실을 알게 되었다. 아내가 부정을 저지른 것이다. M은 몹시 번민한다. 그리고 아이를 낳은 지 반년쯤 지나 M은 감기에 걸린 아기를 데리고 의사 친구에게 왔다.

"게다가 날 닮은 데도 있어."

"어디?"

"이보게."

M은 어린애를 왼편 팔에 가만히 옮겨서 붙안으면서, 오른손으로는 제 양말을 벗었다.

"내 발가락 보게. 내 발가락은 남의 발가락과 달라서 가운뎃발 가락이 그중 길어. 쉽지 않은 발가락이야. 한데—"

M은 강보를 들치고 어린애의 발을 가만히 꺼내어놓았다.

"이놈의 발가락 보게. 꼭 내 발가락 아닌가? 닮았거든……." M은 열심으로, 찬성을 구하는 듯이 내 얼굴을 바라보았다. 얼마나 닮은 곳을 찾아보았기에 발가락 닮은 것을 찾아냈을까.

나는 M의 마음과 노력에 눈물겨웠다. 커다란 의혹 가운데서, 그 의혹을 어떻게 하여서든 삭여보려는 M의 노력은, 인생의 가장 요절할 비극이었다. M이 보라고 내어놓은 어린애의 발가락은 안 보고 오히려 얼굴만 한참 들여다보고 있다가 나는 마침내 이렇게 말하였다.

"발가락뿐 아니라 얼굴도 닮은 데가 있네."

- 김동인,《발가락이 닮았다》(1932년) 중에서 수정 발췌

네 새끼를 참는 조건들

탁란을 받아들이는 새, 그리고 양부모의 친자식을 밀어내지 않는 새에는 반점뻐꾸기 등 일부 뻐꾸기과, 그리고 갈색머리흑조 등이 있다. 김동인의 소설《발가락이 닮았다》에 등장하는 M과는 사정이 다르지만 그래도 뭔가 비슷하다. 머리로는 남의 자식이라는 것을 알면서도 정서적으로는 어떻게든 친자식이라고 믿고 싶은 마음일까?

이러한 미스터리에 관한 몇 가지 진화적 설명이 있다. 첫째, 탁란이 비교적 최근에 진화한 경우다. 정교한 친자 감별 기작이 아직 진화하지 못한 것이다. 이건 적응이라고 할 수 없다. 둘째, 비용과 이익을 고려한 적응적 반응이다. 사실 숙주 입장에서 친자 여부를 감별하는 것은 상당한 비용이 드는 작업이다. 감별의 민감도를 너무 높이면 제 새끼에게도 의심의 눈길이 쏠릴 수 있다. 탁란을 당하는 입장에서는 좀 억울한 일이지만 '남의 자식이라는 확증'이 없으면 그냥 키우는 편이 유리할 수도 있다.

그건 그렇다고 쳐도 둥지 속 새끼들이 서로에게 관용을 베풀 이유는 무엇인가? 무조건 모조리 죽이는 것이 이익 아닐까? 그렇지가 않다. 종종 젖 동기와 같이 지내는 편이 자신에게도 이득인 경우가

있다. 어미 새는 먹이를 요청하는 새끼의 울음소리를 듣고 먹이 공급량을 결정한다. 여러 마리의 새끼가 같이 울면 공여량이 증가한다. 혼자서 먹이 요청을 하다가는 곧 지친다. 숙주가 어떤 종인지에 따라 다르지만 어떤 종은 숙주의 새끼 두 마리와 같이 지낼 때 탁란된 새끼도 가장 빨리 성장했다. 인간의 경우, 아버지가 남의 자식을 '모르고' 키울 확률은 약 3퍼센트 정도다. 이걸 높다고 해야 할지 낮다고 해야 할지 모르겠다. 아무튼 일부 뻐꾸기 종의 95퍼센트보다는 훨씬 낮다. '부정할 수 없는 확실한 증거'가 없다면 일단 친자식이라고 여기고 키우는 편이 유리한 수준의 확률이다. 이러한 이득-비용의 미묘한 관계로 인해 인류사에는 늘 '발가락만 닮은 자식'을 키우는 부모가 있었을 것이다. 100명 중 3명꼴로 말이다. 아무튼 뻐꾸기 전략은 성공하기만 한다면 친부모 입장에서는 이득이 상당히 크다.

그런데 여기서 잠깐. 아메리카원앙 둥지에서는 과도한 탁란이 일어나 큰 손해를 본다고 하지 않았던가. 자신의 알을 죄다 남에게 맡겼지만 결과적으로 어떤 알도 부화하지 못했다. 알을 낳는 것 자체가 상당한 비용이므로 도저히 적응적 행동이라고 할 수 없다. 도대체 왜 이런 행동을 한 것일까?

생인손이 나은 후에도 언년이는 아씨의 딸과 자기 딸의 자리를 바로 잡지 않았다. 대대로 남의 집 종으로 산 자신의 운명을 딸에게 물려주고 싶지 않았던 것일까? 언년이의 딸은 열네 살에 신씨 대갓집으로 시집을 갔다. 한편 아씨의 딸은 졸지에 종년이 되어 살았다. 그러다 조선에 불어온 개화의 바람을 타고 가출을 한 뒤 양인의 도움을 받아 외국으로 떠났다. 언년이가 종살이를 하던 교동댁은 갑자기 난 화재로 집안이 기울고 언년이의 딸이 시집을 간 신씨댁도 차츰 몰락하여 연락이 끊겼다. 6·25 난리 후 이제 노파가 되어 이리저리 떠돌던 언년이. 우연히 간난이를 다시 만나게 되었다. 이제 대학교의 학장이 된 아씨의 딸. 간난이는 친어머니로 알고 있던 언년이를 지극정성으로 모신다.

어느 날 정갈한 저녁상을 차려오는 식모. 저녁상을 칭찬하는 언년이는 식모의 손을 보고 깜짝 놀란다. 선명한 생인손의 흉터. 부잣집으로 시집가서 잘 사는 줄만 알았던 딸은, 이제 간난이의 집, 아니 아씨 따님의 집에서 식모살이하는 처지가 되었던 것이다.

– 한무숙,《생인손》중에서

탁란이 최선이 되지 않게

아메리카원앙의 탁란이 처음부터 실패였을 리 없다. 최초의 환경은 전반적으로 풍족했고 탁란은 흔하지 않았다. 아주 좋은 둥지를 발견했을 때만 기회주의적으로 탁란이 일어났다. 이러한 생태적 환경이라면 종종 탁란이 유리하다. 하지만 직접 부화, 양육하는 것도 그리 나쁘진 않다.

그러나 환경이 급변하면서 모든 것이 달라졌다. 개체군 밀도가 높아지고 환경은 척박해졌다. 적당한 둥지가 점점 귀해졌다. 탁란이 기승을 부렸다. 열 개의 알을 담을 수 있는 둥지라면 한두 개 정도는 더 들어와도 그럭저럭 괜찮을지 모른다. 하지만 서른 개의 알이 들어오면 양부모는 부화를 포기해 버린다. 이런 상황이라면 탁란은 분명히 부적응적 행동이다. 그러나 직접 양육하기에는 더 가혹한 환경이다.

인류 진화사 내내 비非친족 입양은 아주 드문 현상이었다. 입양은 부모 확실성을 기만할 방법이 아예 없다. 처음부터 알고 입양하기 때문이다. 현대 사회에는 비친족 입양이 흔하지만 비교적 최근의 일이다. 전통 사회의 입양은 대개 친족 입양이다. 어떤 이유로 아이를 돌볼 사람이 없어지면 주로 누이나 이모, 외할머니 등이 돌봐 줬다. 사실 입양이 활발한 선진국에서도 친족 입양이나 친족 위탁을 권장한다. 미국과 캐나다, 영국의 입양 기관이 그렇다.

미국은 아예 연방법으로 친족 위탁 양육을 권장하고 있다. 물론 탁란과 비친족 입양은 다른 현상이다. 하지만 유전적 관련성이 전혀 없는 자식을 키운다는 면은 서로 비슷하다. 두 현상 모두 자연의 세계에서는 잘 일어나지 않는다. 탁란을 막으려는 다양한 방어 기작, 그리고 부모 확실성을 확인하려는 다양한 평가 기작이 진화했다. 비친족 입양을 하는 위대한 선의는 칭찬받아 마땅하지만 절대 보편적 행동이 될 수 없다. 보통 사람이라면 입양을 결심하기 어렵다. 물론 입양 후에 잘 키우는 것은 더욱 어려운 일이다.

앞서 말한 대로 조류의 탁란이 성공할 수 있는 행동생태적 조건은 대략 다음과 같다. 첫째, 양부모가 탁란된 새끼를 친자식으로 알고 있는 경우다. 둘째, 부모가 추가적인 새끼 수 증가에도 불구하고 자원 공급량을 충분히 늘릴 수 있는 경우다. 셋째, 환경 내 자원이 풍부하여 탁란이 아주 양호한 둥지에만 가끔 일어나는 경우다. 인간의 입양도 크게 다르지 않을 것이다. 입양 아동을 친자식으로 오인하게 조작할 수는 없는 일이지만 친족 입양이나 친족 위탁은 어느 정도 비슷한 효과를 낳을지도 모른다. 입양 가정을 위해 재정적, 사회적 지원을 '과도할 정도로 넘치게' 해주는 것도 필요하다. 무엇보다 가장 중요한 것은 전반적으로 풍요로운 사회생태적 환경이다. 입양의 필요성도 줄어들고 어쩌다 일어나는 입양도 성공할 가능성이 높아진다.

물새는 전체 조류의 2퍼센트에 불과하지만 탁란을 하는 물새는 거의 25퍼센트에 달한다. 물새는 산새보다 비정한 것일까? 그럴 리 없다. 둥지를 만들 적당한 곳이 부족하기 때문에 일어나는 일이다. 한국이 지난 수십 년간 그랬다. 거의 20만 명의 아이들이 전 세계로 '수출'되었다. 한국인이 특히 비정해서가 아니다. 아이를 위한 최선의 선택이 그것뿐이었는지도 모른다.

자기 둥지에 아이를 키우는 것보다 남의 둥지에 아이를 맡기는 것이 더 유리한 세상이라면 분명히 살기 좋은 세상은 아니다. 급기야 아예 둥지 자체를 만들기 어렵다면? 재난적 상황이다. 대안적 행동이 늘어날 수밖에 없다. 보통 대안적 행동은 그리 만족스럽지 않다. 우리의 정신적 본능은 확고한 유전적 기반을 가지고 있지만 그렇다고 비정한 악덕을 진화적 본성에 의한 필연적 결과로 간주할 수는 없다. 주어진 환경에 따라 '선한' 본성이 될 수도, '악한' 본성이 될 수도 있다. 끊이지 않는 입양 아동의 안타까운 죽음에 깊은 애도를 표한다

나는 이 장에서 우리들의 사육 동물의 정신적 특질은 변이하며, 그 변이는 유전된다고 하는 것을 간단하게나마 설명하고자 노력했다.

또한 더 간단하지만 나는 본능이 자연 상태에 있어서도 경미한 변이를 한다는 것을 나타내려고 시도해봤다…… 본능이 각각의 동물에 있어서 최고의 중요성을 지니고 있다는 것은 그 누구도 부정 못 하리라…… (그러나) 이에 반하여 본능은 항상 절대로 안전한 것이 아니며, 자칫하면 그릇되기 쉬운 것(이다).

- 찰스 다윈, 《종의 기원》 중에서

4

형제자매가 사라지는 세상

동기살해와 우애의 균형, 그리고 저출생

페테르 파울 루벤스Peter Paul Rubens, 〈아벨을 내리치는 카인Cain slaying Abel〉
(1608~1609년), 코톨드 갤러리.

군복무를 해본 사람은 알겠지만 부비트랩은 참 순진한 무기다. 적이 스스로 걸려들기를 기다리면 된다.

스페인이 세계를 휘젓고 다니던 무렵 선원들이 아주 유쾌한 새를 만났다. 사람에 대한 경계심이 없었다. 스스로 배 위에 사뿐히 착륙하는 것이 아닌가? 그 덕분에 긴 항해에 지친 선원들은 맛있는 새고기를 맛볼 수 있었다. 스페인어로 보보bobo는 '바보'라는 뜻인데, 선원들은 이 '고마운' 새에게 '부비Bubby'라는 이름을 지어 주었다. 부비트랩에 '부비'라는 별명이 붙은 유래다.

국문 명칭은 '얼가니새'다. 짐작했겠지만 '얼간이'에서 유래한 말이다. 얼가니새속Sula에는 대략 여섯 종이 있는데 그중 하나가 나즈카부비다. 갈라파고스섬에 주로 살고 있다. 페루 남부 나즈카 문명의 이름을 따서 나즈카부비, 즉 나즈카얼가니새라는 이름이 붙었다.

끈끈한 우애의 조건

유전학자 로널드 피셔Ronald Fisher는 1930년에 출간해 이제는 고전이 된 자신의 책《자연선택의 유전적 이론The Genetical Theory of Natural Selection》에서 한 개체가 자신과 동일한 유전자를 가진 다른 개체를 돕는 행동이 진화할 수 있다는 아주 흥미로운 주장을 펼쳤다. 이는 J.B.S 홀데인을 거쳐 윌리엄 해밀턴William Hamilton에 이르러 다음과 같이 분명한 수학적 원리로 제시되었다.

$$rB > C$$

해밀턴의 법칙에 의하면 조력 행동은 수혜자의 이득benefit, B에 근연도relatedness, r을 곱한 값이 공여자의 비용cost, C를 초과할 경우 진화한다. 기본적인 형제자매의 근연도는 대략 0.5 수준이다(실제로는 혈족혼으로 인해서 약간 더 높다). 따라서 우리는 어떤 행동을 할 때 드는 비용이 형제자매가 얻을 이득의 절반 이하라면 기꺼이 형제자매를 돕는다.

인간은 대개 2명 이상의 자녀를 낳는다. 요즘은 아니라고? 뭐 그렇긴 하지만 2명 이하의 합계 출산율은 인류사를 통틀어 전례를 찾아보기 어려운 사건이다. 그러니 과거 기준으로 이야기해보자.

수백만 년 이상 조상 대부분은 형제자매가 있었다. 다양한 방식으로 형제자매를 타인과 구별하여 식별하는 기작이 진화했고(유년기 공유 경험, 외모, 관습, 족보, 가족관계증명서 등) 이를 바탕으로 끈끈한 우애가 빚어졌다. 물론 무조건적인 우애는 아니다. 상대의 이득이 내 비용의 두 배가 되지 않는 경우에 해밀턴식 우애는 종종 비극으로 이어지기도 했다.

아담이 아내 하와와 한자리에 들었더니 아내가 임신하여 카인을 낳고 이렇게 외쳤다.

"야훼께서 나에게 아들을 주셨구나!"

하와는 또 카인의 아우 아벨을 낳았는데 아벨은 양을 치는 목자가 되었고 카인은 밭을 가는 농부가 되었다.

(중략)

카인은 아우 아벨을 들로 가자고 꾀어 들로 데리고 나가서 달려들어 아우 아벨을 쳐 죽였다.

야훼께서 카인에게 물으셨다.

"네 아우 아벨이 어디 있느냐?"

카인은 "제가 아우를 지키는 사람입니까?" 하고 잡아떼며 모른다고 대답하였다.

그러나 야훼께서는 "네가 어찌 이런 일을 저질렀느냐?" 하시면서 꾸짖으셨다.

"네 아우의 피가 땅에서 나에게 울부짖고 있다."

– 〈창세기〉 4장(공동번역) 중에서

최초의 살인, 동기살해

성경에 의하면 인류 최초의 형은 카인이고 인류 최초의 동생은 아벨이다. 그런데 인류 최초의 형제가 칼부림, 아니 돌부림으로 갈라서다니…… 인류 최초의 우애는 인류 최초의 살인으로 끝을 맺었다.

일단 용어 정리부터 해보자. 동기간 살해siblicide는 크게 형제살해fraticide와 자매살해sororicide로 나뉜다. 정확한 번역은 아니다.

자신의 남자 동기(형, 오빠, 남동생)를 죽이면 'fraticide', 여자 동기(누나, 언니, 여동생)를 죽이면 'sororicide'다. 우리나라 친족 용어와 영미권 친족 용어가 달라서 생기는 문제다. 예전에는 대충 형제살해로 칭했는데 젠더 중립적인 동기살해라는 용어가 더 좋을 듯하다(실제로는 별로 달라질 것이 없는데 동기살해 대부분이 형제살해이기 때문이다).

약 21년 전의 일이다. 영국 남부 브리스톨에 살던 12세 소년이 동생을 죽였다고 자수했다. 생후 6개월된 동생을 17회에 걸쳐 칼로 찔렀다. 그 이유가 의미심장했다. '엄마와 함께 있고 싶어서'였다.

2013년에는 시카고에 살던 14세 소녀가 세 살 아래의 여동생을 살해했다. 집안일을 누가 더 많이 했는지 언쟁을 벌이다가 칼을 휘두른 것이다. 맹랑하게도 소녀는 집 안에 강도가 들어 동생이 죽은 것 같다고 거짓말을 했다. 동생을 죽이고, 거짓말까지…… 확실한 카인의 후예다.

나즈카부비는 일반적인 바닷새처럼 알을 자주 낳지 않는다. 바다에는 알을 낳을만한 적당한 둥지가 드물다. 좁은 절벽에 알을 낳는다. 알을 부화시키려면 부모 모두 안간힘을 써야 한다. 그래서 번식기를 보내면 부모는 아주 '날씬'해진다. 면역력도 일부러 떨어뜨린다. 부화를 위해 엄청난 희생을 감수한다.

이렇게 해서 겨우 태어난 부비 새끼는 유약하다. 바닷새는 흔히 만숙성을 보인다. 연약하게 태어나서 오래도록 부모의 양육을 받는 생애사 전략이다. 흥미롭게도 인간도 그렇다. 아마도 침팬지와 갈라지기 전에는 조숙성 전략을 택했을 것이다. 지금도 침팬지는 조숙성을 보인다. 그러나 호미닌은 '아주아주' 긴 세월 동안 부모의 양육을 받아야 한다. 어떤 면에서 인간의 아기는 바닷새의 새끼와 비슷하다.

나즈카부비는 한 번에 대개 두 개의 알을 낳는다. 하지만 어미는 두 마리의 새끼를 모두 키울 여력이 없다. 며칠 먼저 태어난 손위 동기는 동생을 둥지 밖으로 밀어낸다. 동생이 어디 갔느냐고 물으면 아마 이렇게 대답할 것이다.

"제가 아우를 지키는 새입니까?"

갈등의 씨앗

진화학자 로버트 트리버스Robert Trivers는 동기갈등에 관한 흥미로운 주장을 제시했다. 일단 자녀의 조건이 동일하거나 부모의 자원이 자녀에게 미치는 영향이 없다면 부모는 모든 자녀를 똑같이 사랑할 것이다. 그러나 이런 일은 일어나기 어렵다. 첫째, 자녀는 모두 다르다(나이, 성별, 성숙도, 능력 등). 둘째, 부모의 자원은 보통 자녀에게 큰 영향을 미친다. 특히 출산 이후 오랫동안 양육을 해야 하는 만숙성을 보일 경우, 더욱 그렇다. 부모의 편애가 진화하고 동기갈등이 나타날 것이다.

자녀를 향한 부모 투자의 이익은 시간이 지날수록 감소한다. 갓

난아기라면 어머니가 잠시만 한눈을 팔아도 아기의 적합도에 심각한 해를 입힐 수 있다. 그러나 열여덟 살이 된 자녀라면 부모의 보살핌이 주는 이득은 상대적으로 작다(아마 아이는 보살핌을 간섭으로 여길 것이다). 그러므로 부모는 상대적으로 손아래 자식을 편애한다. 자연스러운 최적 자원 할당이다.

하지만 무조건 어린 자식을 편애하는 건 아니다. 터울이 짧으면 계산이 복잡해진다. 둘 중에 하나를 포기해야 한다면 먼저 낳은 자식이 우선이다. 이미 매몰된 투자 비용을 회수해야 하는 데다가 상대적

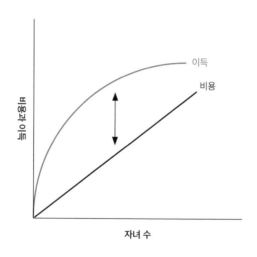

자녀에 관한 부모 투자의 이득과 비용에 관한 가상의 그래프

과도하게 단순화된 것이지만 트리버스의 주장을 설명하는 데 아주 유용하다. 가로축은 자녀의 숫자, 세로축은 비용 혹은 이득이다. 일정 수준 이상으로 자녀가 늘어나면 번식적 이득은 점점 체감한다. 부모는 '최적'의 수의 자녀에게 양육 투자를 몰아주려고 할 것이다. 카인과 아벨의 터울이 얼마인지 아무도 모르지만 그렇게 많이 나지는 않았을 것이다. 아마 두 살 터울이었을 가능성이 높다. 카인은 농사꾼이었다. 전통적인 농경 사회의 평균 터울은 약 2년이다.

으로 생존 가능성이 더 높기 때문이다. 막 태어난 아기를 제대로 양육할 자원이 없으면 이미 태어난 자식을 편애하는 쪽을 택한다.

신석기 이후 출산 간격이 크게 줄어들었다. 구석기 시대의 출산 터울에 관한 신뢰할만한 정보는 부족하지만 현생 수렵채집사회에 관한 조사 결과를 미뤄보면 최소한 수년 이상의 터울을 둔 것으로 추정된다.

터울이 늘어나면 초기 영유아 의존기가 겹치지 않는다. 만 다섯 살이 된 언니는 어머니의 젖을 독차지하는 동생이 제법 얄밉겠지만 브리스틀의 소년처럼 칼을 휘두르지는 않는다. 자신이 젖을 먹어서 얻는 이득은 분명히 갓난아기 동생이 엄마 젖에서 얻는 이득의 절반 이하다. 그러므로 동생이 무럭무럭 잘 자라는 것이 손위 동기 입장에서도 이득이다. 해밀턴식 우정이 나타난다.

반면 터울이 짧은 경우 상황이 확 달라진다. 나즈카부비가 바로 그렇다. 터울은 평균 5일에 불과하다. 먼저 태어난 손위 부비는 여전히 어머니의 양육을 독차지하는 편이 훨씬 유리하다. 짧은 양육기 동안 얼른 성장해야 한다. 부족한 먹이를 동생과 나누다 보면 결국 둘 다 죽고 말 것이다.

어미 새 입장에서는 어떨까? 열 손가락 깨물어 안 아픈 손가락이 없으니 동생을 괴롭히는 형을 혼내면서 우애를 가르칠까? 놀랍게도 어미 나즈카부비는 맏자식의 만행에 무관심하다. 둥지 밖으로 밀려난 동생은 어미로부터 불과 몇 미터 떨어질 뿐이다. 그러나 어미는 눈앞에 뻔히 보이는 막내를 돌보지 않는다. 동생은 어머니와 형 바로 앞에서 뜨거운 햇빛에 말라 죽는다.

자식은 보험이다

여기서 궁금증이 생긴다. 그러면 처음부터 자식을 적게 낳으면 될 일이 아닌가? 나즈카부비는 왜 애써 알을 두 개나 낳고 막내에게 죽음을 강요한다는 말인가?

나즈카부비처럼 무조건적 동기살해를 하는 일은 자연의 세계에 흔하지 않다. 대개는 환경 조건에 따른 조건적 동기살해다. 어린 시절에 맛있는 음식을 두고 형이나 언니 등과 싸워본 경험은 다들 있겠지만 그렇다고 살의까지 느끼진 않았을 것이다. 일반적으로 동기살해는 국소 환경의 식량 자원이 심각하게 부족한 경우에만 발생한다.

그러니 부모의 전체 자원량이 자녀당 요구 자원량과 자녀의 수를 곱한 값보다 크다면 카인의 비극은 잘 일어나지 않을 것이다. 자녀의 우애를 위해 산아제한을 하도록 하자. 그러나 진화는 자녀의 우애가 아니라 적합도에 의해 추동된다. 야속하게도 부모는 감당할 수 있는 숫자보다 약간 더 많은 자녀를 낳는다. 도대체 왜 그러는 것일까?

보험 산란 가설에 의하면 나즈카부비의 두 번째 알은 단지 '보험용'이다. 첫 번째 알이 부화에 실패하거나 허약한 새끼가 태어날 경우에 대비한 것이다. 만약 '운 좋게' 형이나 언니가 태어나지 못했다면 혹은 5일이나 먼저 태어났으면서도 경쟁에서 패배할 정도로 허약하다면 동생에게 기회가 주어진다. 부모는 보험금을 탄다.

나즈카부비의 근연종, 푸른발부비는 조건적 동기살해를 보인다. 얘네들도 형제가 제법 열심히 싸우지만 그렇다고 늘 죽자고 싸우지는 않는다. 나즈카부비처럼 무조건적 동기살해를 하는 경우 동생은 부화 후 1.8일 내에 사망했다. 그러나 푸른발부비의 경우에는 사망에 이르는 평균 기간이 18일이었고 죽지 않는 경우도 흔했다. 자원이 부족할 때만 갈등이 죽음에 이르도록 격화되었다. 아마도 이런 차이는 푸른발부비와 나즈카부비의 조상이 오래도록 겪은 자원 공급 절대량과 변동성의 차이에 의한 결과일 것이다.

조선의 3대 왕, 태종이 된 이방원은 이성계의 맏아들이 아니었다. 위로 방우와 방과, 방의, 방간이 있었다. 아래로 방연이 있었고, 배다른 형제로 방번과 방석도 있었다.

형제 갈등이 심했다. 첫째 방우는 마음이 약했다. 고려의 멸망을 슬퍼하다가 일찍 죽었다. 둘째 방과는 불과 2년 정도 왕위를 누리다가 동생에게 양위했다. 넷째 방간은 난을 일으켰다가 동생 방원에게 잡혀 평생 유배만 다녔다. 일곱째 방번과 여덟째 방석은 방원의 손에 죽었다. 이방원은 이러한 치열한 형제 갈등, 종종 형제살해를 통해서 왕위에 올랐다.

이성계가 만약 자녀를 한 명만 낳았다면 조선의 왕가는 처음부터 대가 끊겼을 것이다. 다섯째 방원은 어떤 형제보다 탁월했다. 이성계는 아들이 서로 칼부림하는 비극을 겪어야 했지만 충분한 적응적 가치가 있었다. 방원은 조선의 왕을 통틀어서 가장 많은 자녀를 두었다. 아들 11명, 딸 17명이었다. 그뿐 아니다. 왕실의 권위를 강력하게 세웠다. 이후 수백 년간 조선의 왕은 모두 이방원의 자손이 독차지했는데 자연스럽게 이성계의 포괄적합도도 크게 높아졌다. 괜찮은 보험이었다.

많이 낳을 것인가, 잘 키울 것인가?

몇 명의 자식을 낳아야 할까? 무조건 많이 낳으면 유전자가 점점 불어날 것 같지만 꼭 그렇지는 않다. 죄다 죽어버린다면 모든 수고가 다 물거품이다. 그렇다고 단 한 명의 자식만 잘 키우는 전략도 현명하지 않다. 우리 조상의 삶은 아주 참혹했다. 다섯 살 이전 영아의 절반이 감염병으로 죽었다. 성인 남성의 3분의 1이 남의 손에 살해당했다. 열 명 중 한 명의 여성이 아기를 낳다 죽었다. 아무래도 한 명은 너무 적다.

최적의 숫자를 최적의 터울로 낳아야 한다. 그리고 각 자녀에게 자원을 최적으로 분배해야 한다. 부모 입장에서 최적 수준과 자녀 입장에서의 최적 수준은 일치하지 않는다. 자녀 입장에서 부모는 자식을 너무 '많이' 낳고 자원을 너무 '적게' 준다. 편애의 진화다. 편애는 동기갈등의 핵심 원인이다.

여러 종의 얼가니새를 대상으로 터울을 이리저리 조정해보았다. 비슷한 시기에 모든 알이 부화되도록 조작했더니 치열한 동기갈등이 발생했다. 맨날 서로 치고받으니 결과적으로 부모의 포괄적합도도 떨어졌다. 터울이 너무 짧고 자원이 부족하면 부모로서는 방법이 없다. 극단적인 편애가 나타난다. 부모는 동기살해를 허용한다.

아니, 부모가 자녀의 동기살해를 조장한다고? 무조건적 동기살해를 하는 부비종의 어미를 조건적 동기살해를 하는 부비새 둥지에 넣어주었다. 대리모다. 그랬더니 동기살해가 더 많이 일어났다. 근연 기작은 오리무중이지만 동기갈등의 일부는 부모가 유도하는 것 같다. 혹시 형제의 난을 바라보는 태조 이성계의 마음도 그랬을까?

연구자는 반대로 터울을 크게 늘려 보았다. 그러면 손위 동기는 동생과 경쟁할 이유가 적어진다. 이제 '윈윈win-win' 아닐까? 형제는 우애를, 부모는 적합도 향상을…… 그러나 아니다. 부비는 매일매일 바닷속으로 다이빙을 해서 힘들게 물고기를 낚는다. 자신을 낚아달라는 물고기는 없으니 사냥은 항상 힘겨운 일이다. 터울이 길어지면 부모는 양육을 위해 장기간 고생을 해야 한다. 앞서 말한 대로 부화와 양육을 위해 부비는 체중과 면역력을 포기할 정도다. 장기간의 양육으로 인해 손해가 누적되었다. 결과적으로 건강한 자녀 숫자가 줄어들었다. 적합도가 하락한 것이다.

수렵채집사회의 비교적 긴 출산 터울은 여성의 식량 채집을 위한 것이다. 갓난아기 둘을 한꺼번에 키우는 건 너무 힘들다. 어머니의 건강을 해치고 아이의 건강도 나빠진다. 하지만 터울이 너무 길면 평생 낳을 수 있는 자녀의 숫자가 제한된다. 생애 기간 전체의 번식적합도가 떨어진다. 최적의 터울을 찾아야 한다. 수렵채집사회에서는 대략 4.8년이었다. 여성이 채집 활동을 병행하면서 양육도 같이 할 수 있는 터울이다.

그런데 농경 사회에 접어들면서 출산 터울이 줄어들었다. 아기를 낳기 쉬워진 것일까? 높은 사망률을 보상하려는 것이었을까? 농업 혁명 이후의 열악한 삶의 조건을 감안하면 전자일 가능성은 낮다. 도시화와 인구 집중으로 인한 감염병과 기근, 전쟁과 폭력, 살인과 강간으로 인해 장기간의 생존 가능성이 오히려 낮아졌다. 여성의 삶은 남성에게 종속되었다. 역설적으로 출산 터울이 극단적으로 줄어들었다. 어린 나이부터 낳고, 자주 낳고, 늙도록 낳았다. 총번식 횟수가 크게 늘어났지만 인구는 정체 상태였다. 너무 많이 죽었기 때문이다. 분명히 그중 일부는 형제자매의 칼을 맞았을 것이다. 많이 태어나고 많이 싸우고 많이 죽었다.

> 아담과 하와는 죄를 지었다. 야훼는 하와와 아담에게 이렇게 말했다.
> "(하와에게) 너는 아기를 낳을 때 몹시 고생하리라. (중략) 남편을 마음대로 주무르고 싶겠지만 도리어 남편의 손아귀에 들리라. (아담에게) 너는 죽도록 고생해야 먹고 살리라…… 흙으로 돌아가기까지 이마에 땀을 흘려야 낟알을 얻어먹으리라."
> 아담과 하와는 카인과 아벨을 낳았다. 아벨은 양을 치는 목자가 되었고 카인은 밭을 가는 농부가 되었다. 카인은 아벨을 죽인 후 저주를 받아 세상을 떠돌다가 에녹을 낳았다. 카인은 최초의 도시를 세우고 아들의 이름을 따서 에녹이라 하였다.
> ─〈창세기〉(공동번역) 3~4장 중에서

출생 순서의 심리학

신석기 혁명은 비극적인 혁명이었다. 살인과 전쟁, 기근과 감염병, 불평등은 물론이고 우애마저 산산조각냈다. 얼가니새의 동기갈등은 출산 터울이 짧고 자원이 부족할 때 격화된다. 인간도 그렇다.

최초의 도시, 최초의 농경과 목축, 그리고 최초의 동기살인은 다

비슷한 시기에 일어났을 것이다. 에덴동산을 나온 이후 삶은 팍팍해졌다. 생존을 위해서라면 동생에게도 칼을 휘둘러야 했다. 형이나 언니의 칼을 피하려면 동생은 정신을 바짝 차려야만 했다. 인간의 정신적 형질 중 일부가 분화하기 시작했다. 다양한 성격의 진화다. 프랭크 설로웨이Frank Sulloway는 1996년에《타고난 반항아: 출생 순서, 가족 관계, 그리고 창조성Born to Rebel: Birth Order, Family Dynamics, and Creative Lives》이라는 책을 펴냈다. 대중의 비상한 관심을 받았다. 경험적으로 누구나 알고 있던 사실, 즉 출생 순서에 따른 성격 차이를 담은 책이다.

설로웨이는 출생 순서에 따라서 행동 전략, 즉 성격이 달라진다고 주장했다. 맏형이나 맏언니라면 신체적인 힘을 활용하고 부모의 지원을 받아 동생을 제압한다. 나즈카부비의 손위 동기처럼 말이다. 반대로 나중에 태어난 아이는 유연하고 개방적인 성격을 가진다. 맞서 싸우기보다는 대안적 생존 전략을 택한다. 도전적인 태도, 풍부한 상상력, 활발한 비친족 네트워크, 주변을 조종하는 능력 등을 보인다. 손위 동기의 기득권을 깨고 자신의 영역을 새롭게 창조해낸다.

이방원의 첫째 아들은 양녕대군, 둘째 아들은 효령대군, 셋째 아들은 충녕대군이다. 아버지처럼 칼을 휘두르지는 않았지만 이들 사이에도 제법 갈등이 있었다. 충녕대군은 형들이 이런저런 잘못을 저지를 때마다 날카롭게 지적했다. 아버지와 신하 앞에서는 예쁜 말, 칭찬받을만한 행동만 골라서 했다.

형들을 제치고 셋째가 조선의 네 번째 왕이 되었다. 바로 세종대왕이다. 그리고 굳이 언급할 필요도 없을 정도로 잘 알려진 수많은 업적을 세웠다. 심지어 '글자'도 만들었다. 어떤 면에서 정말 반항적인 도전이자 창조적인 상상력이다. 세종의 업적이 단지 셋째라서 얻어진 건 아니겠지만 말이다.

세종대왕도 부왕처럼 자녀를 많이 낳았다. 총 22명의 자녀를 낳았는데, 조선의 왕 중에서 랭킹 5위다. 세종대왕의 유연한 창조성은 왕위를 얻는 데 큰 기여를 했고 물론 번식적합도 측면에서도 성공적인 행동 전략이었다.

우애도, 갈등도 사라진 세상

출산율 저하는 산업 사회의 보편적 현상이다. 보험 효과(?)가 줄어든 덕분인지도 모른다. 전통 사회라면 맏이가 백일을 넘길지, 돌을 넘길지, 어른이 되도록 살아남을지 확신할 수 없다. 슬픈 일이지만 우리 조상은 '보험' 목적으로 자녀를 많이 낳았을지도 모른다. 그러나 이제는 아니다. 미래가 확실하면 보험은 필요 없다. 일단 임신하면 건강하게 낳아 키울 가능성이 크게 높아졌다.

그러나 우리나라처럼 1.0 이하의 합계 출산율은 정말 이례적이다. 2명 이상 낳는 사람이 너무 적어진 탓에 벌어진 일이다. 무슨 일이 벌어지고 있는 것일까? 아직 누구도 만족스러운 대답을 하지 못하고 있다.

지금부터는 아무 말이다. 과학적 근거는 없다. 비록 막내는 아니지만 최대한 상상력을 발휘해봤다. 첫째를 낳은 부모를 생각해보자. 이제 첫째를 낳았을 때와는 좀 다른 고민을 한다. '맏이에게 둘째는 이득일까? 비용일까? 둘째에게 맏이는? 우리는 아이에게 선물을 주는 것일까? 부담을 지우는 것일까?'

물론 진화는 이런 식으로 추동되지 않는다. 진화는 목적 없는 과정이다. 그러나 짧은 시간적 단위에서 인간의 번식 결정에는 근연 심리 기작이 직접 작동한다. 아이를 낳아본 부모라면 경험을 통해 잘 알고 있을 것이다. 우리는 추가적인 출산을 고려할 때 이미 낳은 자녀가 어떤 영향을 받을지 곰곰이 따져본다. 물론 나도 그랬다.

만약 둘째 혹은 셋째의 탄생이 이미 태어난 손위 자식의 미래에 부정적인 영향을 미칠 것으로 예상된다면 부모는 추가 출산을 재고할 것이다. 그렇다면 혹시 우리 사회의 동기갈등과 우애의 균형점이 한쪽으로 확 기울어져 있는 것은 아닐까? 자녀 양육을 위한 비용은 점점 높아지고 있고 경력 단절에 대한 우려로 인해 터울은 줄어들고 있다. 동기갈등과 관련된 핵심적인 두 조건이 모두 성립한다.

혹시 한국의 극단적인 출산율 저하는 우애보다 동기갈등이 심한 생태적 환경에서 일어나는 예방적인 차원의 선제적 동기살해라고 할 수 있을까? 우애를 통한 이득보다 동기갈등의 가능성을 더 우려하는 것인지도 모른다. 그 덕분에 동기갈등은 처음부터 없겠지만 그 대신 우애도 없다. 과연 우애 혹은 갈등은 출산의 결과일까? 원인일까? 혹은 둘 다일까?

저출산이 지속되면 다음 세대가 이끌 세상은 어떻게 될까? 다들 성격이 비슷해질까? 집단의 도전성과 창조성은 점점 떨어질까? 사회는 점점 보수적으로 변할까? 형제자매가 사라진 세상이라면 작은 우애도 큰 차별적 이득을 제공할 텐데, 그러면 어느 시점에 이르러 우리는 다시 자식을 많이 낳게 될까? 인류가 처음 겪는 일이다. 아직 아무도 답을 모른다.

얼마 전에 멕시코 여성과 이야기를 할 기회가 있었다. 자녀를 두 명 낳았는데 앞으로 둘을 더 낳겠다고 했다. 흥미롭게도 멕시코의 합계 출산율은 매직넘버 2.1을 여유 있게 넘는다. 매직넘버란 인구가 줄지 않는 최소 출산율을 말한다(논란이 많긴 하지만). 나는 그녀에게 자식을 네 명이나 낳으려는 이유를 물어보았다. 그녀는 당연하다는 듯이 이렇게 말했다.

"자식에게 줄 수 있는 가장 큰 선물은 형제자매니까요."

5

평화로운 미래라는 망상

공격성과 서열의 기원

줄리오 로마노Giulio Romano, 〈밀비우스 다리 전투Battle of the Milvian Bridge〉(1520~1524년),
바티칸 박물관.

2019년 4월, 미국 플로리다주 게인즈빌 보안관 사무실에 다급한 신고 전화가 걸려왔다. 내용은 거대한 새가 사람을 공격했다는 것이었다. 공격을 당한 사람을 서둘러 인근 병원으로 옮겼지만, 이미 늦은 상태였다. 마빈 하조스Marvin Hajos는 자신이 키우던 새의 공격을 받아 사망했다. 그가 키우던 새의 이름은 이른바 화식조였다. 판타지 소설에 등장하는 전설의 새일까? 이름부터 심상치 않다. '불을 먹는 새'라니…… 목 전체가 파란색인데 아래로 빨간 주름이 늘어져 있다. 빨간 주름이 마치 불을 먹은 것 같다고 해서 화식조라고 부른다. 생김새도 남다르지만 공격성으로 더 유명하다. 화식조의 별명은 바로 '세상에서 가장 위험한 새'다.

원래 평화로운 동물은 없다

《최강왕 동물 배틀》이라는 책을 본 적 있는지? 일본의 동물학자 이마이즈미 타다아키今泉忠明의 아동용 도서다. 기린과 코뿔소가 싸우면 누가 이길까? 사자와 티라노사우루스가 대결하면? 코끼리와 매머드가 한판 붙는다면? 아들 녀석은 책을 보고는 동물 종의 전투력 서열을 줄줄 읊고 다녔다. 어른의 정신세계도 별반 다르지 않다. 내셔널 지오그래픽 다큐멘터리는 좀 더 성숙한 주제를 다룰 것 같지만 실상 종 간 공격성에 관한 타이틀이 인기 순위 상위권을 차지한다. 그 덕분에 많은 이가 야생의 세계를 분노조절장애에 빠진 동물의 난투장으로 오해하고 있다.

콘라트 로렌츠 말마따나 "다른 동물을 멸종시켜서 무슨 이익을 얻는다는 말인가?" 싸움은 비용이 많이 드는 행동이다. 완벽한 승리는 드물다. 열 대를 때려도 한 대를 맞은 아픔이 사라지는 것은 아니다. 동물은 마땅한 이유가 없다면 싸우지 않는다. 주정뱅이처럼 아무에게나 시비를 걸고 다니는 동물은 없다.

포식 행위는 종 간 공격의 한 예이지만 보통의 공격성과는 다르다. 얼룩말을 맹렬하게 쫓아가는 사자의 모습은 아주 '공격적'으로 보인다. 하지만 깜짝 할인 행사 중인 정육 코너에 돌진하는 우리 모습도 분명히 이와 비슷하다. 약간의 초조함 그리고 곧 찾아올 행복감이 적당히 섞인 상태 말이다. 톰슨가젤의 허벅지를 우두둑 씹어 먹는 사자와 티본 스테이크를 우적거리며 먹는 인간의 모습은 먹히는 입장에서는 몹시 공격적으로 보일 것이다. 그러나 포식자의 마음은 적개심과 분노가 아니라 만족스러운 행복감으로 가득하다.

두 번의 세계대전을 겪으면서 수많은 지성인이 인간의 터무니없는 공격성에 치를 떨었다. 원자폭탄의 위력을 눈으로 보면서 자기 파멸적인 인류의 미래에 대해 깊이 우려했다. 동물행동학자나 진화생물학자도 예외가 아니었다. 동물 연구를 통해서 인간의 공격성을 이해하려고 했다. 그러나 '최강 동물 배틀'류의 함정에 빠져서 길을 잃은 학자가 많았다. 오스트랄로피테쿠스 아프리카누스 *Australopithecus africanus*를 발견한 인류학자 레이먼드 다트Raymond Dart도 그랬다. 인류의 공격성이 구석기 조상의 약탈적 육식에서 기인한다고 믿었다. 사냥감을 향한 폭력이 공격성의 기원이라는 말이다.

그러나 육식동물이 초식동물보다 더 공격적인 것은 아니다. 육식성과 공격성을 구분하자. 아마 뼈와 살이 너덜거리도록 동료를 공격해대는 '착한' 초식동물의 잔혹한 행동을 본다면 3~4일에 한 번, 그것도 배고플 때만 사냥하는 사자가 이전보다 더 늠름하게 느껴질 것이다. 어떤 채식주의자는 이렇게 말했다고 한다. "인간은 원래 평화로운 초식동물이다!" 이 짧은 문장은 무려 세 가지 오류를 담고 있다. 일단 인간은 초식동물이 아니다. 물론 평화롭지도 않다. 그리고 초식동물이라고 더 평화로운 것도 아니다.

화식조는 타조나 에뮤와 비슷하게 생겼는데 인상은 훨씬 험악하다. 뾰족한 부리와 원색의 목덜미, 정수리의 크고 딱딱한 투구형 돌기를 보면 쥐라기의 세상이 어땠을지 짐작할 수 있다. 시속 50킬로미터로 달리고 1.5미터까지 점프할 수 있다. 비록 날지는 못하지만 헤엄은 아주 잘 친다. 바다에서도 수영을 한다. 가장 인상적인 특징은 뾰족한 발톱이 달린 세 개의 발가락이다.

하지만 화식조의 '위험성'은 육식성에 기인하지 않는다. 잡식성이라서 작은 동물을 먹기도 하지만 주식은 풀이나 열매다. 그러니 야생에서 화식조를 만나도 잡아먹힐 가능성은 거의 없다.

너 죽고 나 죽자

인간의 공격성은 어떻게 시작되었을까? 혹시 포식자를 피하기 위한 반격에서 기원한 것은 아닐까?

아이러니하게도 포식자에 대한 반격은 포식 행위보다 더 공격적이다. 영양의 일종인 '누'는 사자가 천적이다. 하지만 무력하게 당하지만은 않는다. 강력한 힘과 빠른 속도로 대항한다. 하지만 반격에 성공한 누가 사자를 먹는 일은 없다. 방어를 위한 공격은 포식을 위한 공격보다 더 본질적인 공격성에 가깝다.

많은 동물 종이 포식자를 상대로 무리공격을 한다. 속된 말로 '다구리'다. 까마귀 떼는 고양이를 보면 집단 공격에 나서곤 하는데 이러한 행동이 주는 이득은 명백하다. 흩어지면 약하지만 뭉치면 강하다. 누 떼도 마치 물고기 떼처럼 한 무리가 되어 우르르 몰려다니는데 거대한 육식동물이라고 해도 좀처럼 공격하기 어렵다. 무리에서 이탈한 약한 녀석이나 슬금슬금 노릴 뿐이다.

무리공격은 초식동물의 타고난 공격성을 강화하는 효과도 있다. 집단 학습이다. 어린 시절부터 적개심을 가져야 할 대상이 누군지 배우고 효과적인 공격 방법을 학습한다. 포식자는 배가 고플 때만 먹잇감을 사냥하지만 잡아먹히는 입장에서는 포식자의 '내적 허기'를 판별할 방법이 마땅치 않다. 그래서 종종 '먹잇감'의 공격성은 아주 끈질기다. 사바나에서 사자를 만나도 운 좋게 배를 잔뜩 채운 사자라면 안심이다. 그러나 누 떼를 만나면 무조건 피해야 한다. 배가 고파 싸우는 것이 아니기 때문에 항상 위험하다.

인간도 마찬가지다. 약한 개체가 모여 선제적 집단 반격에 나서는 일이 흔하다. 선제적 반격이라는 말은 화용론적 모순 같지만 공격은 최선의 방어다. 미리미리 위험 요인을 제거하는 것이다. 상대를 멀리 쫓아내는 정도에 그치지 않는다. 약한 자들의 집단적 공격은 종종 아주 잔혹하다. 사실 포식자의 공격에는 '합리적 목적'이 있다. 목적을 달성하면 공격성은 급격히 감소한다. 그러나 선제적 반격의 목적은 잠재적 위협의 확실한 제거다.

반격은 무리공격으로만 나타날까? 단독 반격은 무리다. 도망치는 편이 유리하다. 그러나 예외가 있다. 막다른 골목에 몰렸을 때다. 최후의 발악을 하는 것이다. 분노나 적개심이 아니라 두려움과 공포가 촉발한다. 말 그대로 '미친 쥐'처럼 달려든다. 상대는 한 끼 식량을 바라는 정도의 절박함이지만 반대쪽은 적합도 전부를 건 필사적 도박이다. 그래서 가끔은 이러한 '죽자 살자' 전략이 성공하기도 한다.

인간 사회에도 이런 너 죽고 나 죽자 전략이 자주 활용된다. 더 이상 가까이 오면 가만히 있지 않겠다며 은장도를 꺼내는 것이다. 손가락 길이의 은장도로는 상대를 제압하기 어렵다. 그래도 심각한 손해를 끼칠 수는 있다. 물론 상대가 아니라 자신을 향한 자해 공격이다. 살인까지는 염두에 두지 않은 공격자라면 포기하는 수밖에 없다. 결사적 반격이 가끔 성공하는 이유는 말 그대로 진짜 목숨을 걸기 때문이다.

화식조는 천적이 없다. 호주와 뉴기니, 태즈메이니아 등에서 서식하는데 호주에는 포식자가 드물다. 태즈메이니아주머니늑대

*Thylacine*가 있었지만 멸종한 지 오래다. 멸종 이전에도 구대륙의 육식동물에 비하면 '전투력'이 초라했다. 태즈메이니아 데블이라는 육식동물은 여전히 꿋꿋하게 살아가고 있지만 주로 시체를 처리하는 약취동물이다. 호주에서 가장 강력한 육식성 동물은 들개의 일종인 딩고다. 다른 대륙의 들개가 가진 생태적 지위에 비하면 감개무량하지만 불과 4000년 전에 호주로 건너갔다. 신참이다.

화식조는 잡아먹힐 걱정이 없었다. 어떤 동물이라도 잡아먹는 인간이란 종이 있지만 화식조가 그리 자주 식탁에 오른 것 같지는 않다. 화식조는 사실상 천적이 없다. 무리공격을 한다는 보고도 없다. 최후의 반격을 위해 미리부터 그렇게 거대한 발톱이 진화했을 리도 물론 없다.

짝은 나를 자극한다

화식조의 화려한 목덜미와 높게 솟은 머리뼈를 보니 '혹시 짝짓기?'라는 생각이 머리를 스친다. 유성생식을 하는 동물의 공격 행동은 종종 성 내 경쟁의 일환이다. 번식과 양육 비용을 많이 치르는 성, 즉 대개는 암컷을 차지하기 위한 성선택의 흔한 결과다.

짝 경쟁을 위한 시합은 공격성의 진화를 만드는 요인이다. 상당수 종은 오로지 번식기에만 종 내 공격성을 보이는데 테스토스테론이 이를 매개하는 것으로 보인다. 직접 경쟁자를 제압하면 교미 성공률을 높일 수 있으니 말이다. 성 내 경쟁이다.

높게 솟은 머리뼈를 자랑하는, 세상에서 가장 위험한 새 화식조.

성 간 선택으로도 나타날 수 있다. 공격적인 수컷을 선호하는
현상이다. 테스토스테론은 면역력을 떨어뜨리므로 역설적으로 공
격성이 높은 개체는 양호한 면역 시스템과 우수한 유전자를 가졌
을 가능성이 높다. 협력적 양육을 하는 종이라면 수컷에게는 이중적
과업이 기대된다. 외부에는 공격적이지만 가족에게는 자상해야 한
다. 모순적 형질이다. 일부 주장에 따르면 이러한 상충하는 과업은
소위 '탑재성 호르몬-중개성 변동 반응 매력성 식별 유니트onboard
hormone-influenced variable response attractiveness detection unit'라는 기작을
통해 조절되는 것으로 보인다. 이 긴 이름의 기작은 짝짓기의 이득
과 손해의 균형이 임신 가능성에 따라 달라지며 이에 따라 암컷의
번식 전략도 달라진다는 것이다. 예를 들어 임신 가능성이 높은 시
기에는 공격적 성향을 보이는 수컷과 교미하고 임신 가능성이 낮은
시기에는 협력적 성향을 보이는 수컷과 교미하는 것이다. 이를 통해

서 자식에게 양호한 유전자를 제공하면서 동시에 양질의 양육 협력을 이끌어낼 수 있다. 즉 수컷의 특정 형질에 관한 암컷의 매력 식별 수준이 월경 주기에 따른 호르몬 수준에 따라 달라진다는 것인데, 이견도 있지만 몇몇 연구는 이를 지지한다. 화식조는 번식 가능 여부나 환경적 조건에 따라 그때그때 최적의 공격성을 가진 수컷을 선택하는 것 같다.

그렇다면 화식조가 세상에서 가장 위험한 새가 된 것은 오랜 성 선택의 결과였을까?

화식조는 일처다부제다. 따라서 수컷의 성 내 경쟁은 별로 관찰되지 않는다. 수컷은 다른 수컷에게 비교적 관대하다. 경쟁적인 쪽은 오히려 암컷이다. 다른 암컷의 존재를 좀처럼 용납하지 못한다. 여럿의 수컷이 부화를 위해 둥지를 만드는데 그러면 암컷이 와서 알을 낳는다. 알을 부화시키고 갓 태어난 새끼를 양육하는 것은 수컷의 임무다. 50일을 품어야 한다. 암컷은 알을 낳자마자 무정하게 남편을 버리고 떠난다. 다른 수컷을 만나러 떠나는 것이다.

'성 역할 반전'이라는 현상인데 교미 행동에서도 암수가 반전된다. 수컷이 땅에 웅크리고 있으면 암컷이 수컷의 등에 올라탄다. 종종 암컷은 수컷을 공격하기도 한다. 수컷은 도망치면서 물속으로 뛰어드는데 암컷은 뒤쫓아가면서 수컷을 덮친다.

암수의 체구와 공격성에서도 반전이 일어난다. 화식조는 암컷이 훨씬 크다. 보통 50킬로그램에 달하는데 이보다 무거운 경우도 많다. 수컷은 35킬로그램 정도로 암컷에 비하면 상당히 아담하다.

수컷은 공격성도 덜하다. 수컷 화식조가 유독 공격적인 때는 바로 자신의 알을 품고 새끼를 양육할 무렵이다. 잠시라도 둥지를 비우면 다른 암컷이 습격하여 알을 깨기도 하기 때문이다. 난봉꾼 암컷으로부터 알과 새끼를 지키기 위한 모성적, 아니 부성적 저항이다.

공격성은 주로 남성적 형질로 여겨진다. 한 명의 여성을 두고 여러 명의 남성이 목숨을 건 대결을 벌이는 이야기는 소설이나 영화의 흔한 소재다. 그러나 실제로 목숨을 거는 일은 아주 드물다. 짝 경쟁으로서의 시합은 상대의 능력과 자신의 능력을 서로 견주어보는 의례적 행위에 가깝다.

그래서 성 내 경쟁으로서 대결의 공격성은 대개 극단적인 수준까지 치닫지 않는다. 체구나 뿔, 송곳니 등으로 라이벌 시합을 벌이지만 의례적 행동을 통해서 제한된 수준의 시합에 그친다. 양쪽은 큰 상해 없이 승패를 결정짓는다. 열등한 쪽에서는 무리하게 시합을 지속하는 것보다 백기를 드는 편이 낫다. 자존심은 좀 상하겠지만 그래야 새로운 짝을 찾을 기회를 얻는다. 커다란 뿔을 서로 부딪히는 두 마리의 수컷 순록. 그러나 뿔로 상대의 숨통을 끊어버리는 일은 좀처럼 없다.

이 선을 넘지 마라

아니, 그렇다면 가장 본질적인 의미의 공격성은 어떤 경우에 발생할까? 서로 죽고 죽이는 인류사의 비극은 왜 일어나는 것일까?

공격성의 가장 순수한 형태는 '종 내 공격성'인데 영역 방어가 주된 이유다. 좁은 영역을 공유하면 먹잇감은 금세 바닥난다. 새끼를 키울 공간도 부족하다. 그래서 영역성 동물은 생존과 번식을 위한 최소한의 공간을 본능적으로 계산하고 이를 필사적으로 사수한다. 자기 영역 안으로 들어온 동족에 대해서 심각한 적개심을 보인다.

산호초 군락을 노니는 열대어를 보라. 정말 눈이 휘둥그레질 정도로 화려하다. 도대체 왜 이렇게 과도한 색의 비늘, 호화로운 지느러미를 가지게 되었을까? 처음에는 보호색이라고 생각했다. 화려한 산호초 군락에 숨어서 포식자를 피한다는 것이다. 그런데 좀 이상하다. 그렇다면 산호초와 비슷한 색을 지녀야 할 것이다. 하지만 산호초 어류의 색깔은 종종 정반대의 원색이다. 위장 효과는커녕 확연하게 색이 대비되어 더 잘 보인다.

산호초는 영양염류가 풍부한 해역에서 번성한다. 먹잇감이 많은 곳이다. 따라서 수많은 종, 수많은 개체가 좁은 곳에서 복닥거린다. 다른 종이라면 상관없다. 그러나 같은 종이라면 이야기가 다르다. 경쟁자다. 일정 거리 이내로 들어오면 자동적으로 공격에 나선다.

동족 여부를 식별하는 방법 중 하나는 색깔이다. 그래서 종종 비슷한 색을 가진 다른 종을 실수로 공격하는 일이 벌어진다. 그러니 '나는 다른 종입니다. 제발 공격하지 말아주세요'라고 신호를 보내는 편이 생존에 유리할 것이다. 물론 자리를 선점한 녀석이라면 '내가 이미 여길 차지했다'라는 신호를 분명하게 보내는 것이 유리하다. 수탉은 왜 매일 홰를 치는 것일까? 로렌츠는 오스카어 하인로트의 말을 빌려 수탉의 우렁찬 울음이 '여기 수탉이 있소이다'라는 의미라고 했다. 비슷한 이유로 산호초 어류는 종마다 확실하게 구별되도록 컬러풀하게 진화했고 그 덕분에 스노클링을 하는 인간의 눈도 즐겁다.

물론 이동이 자유로운 종이라면 영역성이 희미해진다. 영역을 지키는 비용에 비해 얻는 것이 적기 때문이다. 그러나 정주형 동물이라면 다르다. 날지 못하는 새, 화식조도 그렇다. 거구를 유지하려면 먹잇감이 많이 필요하다. 자신의 영역을 이웃에게 개방한 착한 화식조는 곧 배를 곯게 될 것이다.

인간도 그렇다. 원래는 너른 지역을 자유롭게 이동하던 종이었다. 두발걷기와 불, 도구, 육식 등의 혁신을 통해서 어디로든 떠날 수 있었다. 영역을 둘러싼 긴장이 감소했다. 구석기 인류는 제법 평화로웠지만 UN 안전보장이사회의 노력에 힘입은 것은 아니었다. 싸울 이유가 없으니까 안 싸운 것이다.

화식조가 거대한 발톱을 가지도록 진화한 이유는 아직 불확실하다. 진화적 계통수도 불명확하다. 에뮤와 가까울 것으로 추정하지만 어디까지나 추정이다. 그러나 화식조의 번식 행동이나 생태적 조건을 고려하면 화식조가 무서운 새가 된 이유는 아마도 영역 방어를 위한 것인지도 모른다.

영역은 생존과 번식을 위한 공간이다. 더 좋은 곳, 더 넓은 곳, 더 안전한 곳은 적합도를 보장하는 확실한 조건이다. 화식조는 매일 5킬로그램에 달하는 먹이를 먹어야 한다. 수컷 화식조는 대략 7

제곱킬로미터의 영역을 가지고 있는데 암컷은 여러 수컷의 영역을 포함하는 훨씬 넓은 영역을 향유한다. 특히 수컷보다 암컷이 영역 방어에 민감하다. 그래야 자신의 영역에 있는 수컷이 모두 자신의 알을 품고 자신의 새끼를 키울 것이다.

화식조가 '세상에서 가장 위험한 새'가 된 이유 중 하나는 세력 권을 지키려는 오랜 진화적 투쟁의 결과일 것이다. 화식조가 인간을 해친 몇 건의 보고가 알려져 있지만 인간보다는 자신의 동족에게 더 위험한 새다. 영역을 넘어온 동족에게 특히 그렇다.

세상에서 가장 위험한 종, 인간

'세상에서 가장 위험한 새'. 인간이 화식조에게 붙인 별명이다. 적반하장도 유분수지 인간이야말로 '세상에서 가장 위험한 종'이 아닌가. 매년 40만 명의 인간이 인간의 손에 죽는다.

그래도 인간에게 칭찬해주고 싶은 것이 있다면 자기 종의 공격성에 대한 내적 각성을 이룬 최초의 종이라는 것이다. 폭력성과 공격성을 줄이기 위해서 전투적 노력을 기울이고 있다. 아주 오래전부터 법과 제도를 만들었다. 교회와 절에서는 늘 사랑과 자비를 외친다. 총구에 꽃을 꽂는 시위대의 사진에 퓰리처상을 수여하는 존재가 바로 인간이다. 존 레넌을 비롯한 인간 종은 늘 폭력 없는 세상을 '이매진imagine'했다.

감동적인 노력이지만 그 효과에 대해서는 의문이다. 평화를 위한 이론적 배경은 그리 정교하지 않다. 폭력적인 영화나 게임이 폭력적인 인간을 만든다는 일차원적 접근이 흔하다. 확실히 갑작스럽게 컴퓨터 전원을 내리는 식의 접근은 더 큰 공격성을 불러온다. 이보다는 왜 인간은 본래부터 폭력적인 콘텐츠를 좋아하는지에 관해 먼저 물어야 한다.

원래 원시 인류는 평화로웠다는 주장이 있다. 그런데 사회와 문명의 해악에 노출되어 몹쓸 공격성을 가지게 되었다는 설명, 일종의 '에덴 밖으로' 이야기다. 과학적 사실이 아니다. 물론 공격성은 어느 정도 학습될 수 있지만 대개 방법과 대상에 관한 것이다. 원초적 공격 본능은 타고난 본성이다. 우리가 사는 이 세상은 분명히 이상적인 사회는 아니지만 그래도 사회는 공격성의 원천이라기보다 공격성을 막는 방패다.

트라우마 이론을 적용하여 '욕구 좌절'이 공격성을 유발한다는 철 지난 가설이 아직도 통용된다. 로렌츠는 좌절 경험이 없었던 버릇없는 아이에 관한 개인적인 경험을 들어 '결핍 없는 발달'이 비폭력적인 아이를 만든다는 주장을 비꼬았다. 이유기의 좌절도 결핍이고 출생 시의 고통도 트라우마다. 그러니 좌절을 겪지 않는 사람은 없다. 그렇다면 모든 사람은 공격성이라는 본성을 가지고 태어난다는 주장과 뭐가 다른가?

1990년대 중반, 한국 사회를 뜨겁게 한 지존파 사건이 있었다. 지존파의 두목은 자신의 행동에 관해 초등학교 담임 선생님을 탓했다. 크레파스를 가져오지 않은 자신에게 "그러면 친구 것을 뺏어서라도 가져왔어야지"라고 혼냈다는 것이다. 가난한 유년기의 결핍어 안타깝긴 하지만 일면식도 없는 다섯 명을 납치하여 살인을 하고 인육을 먹을 적당한 이유는 아니다.

지존파는 당시 고급자동차의 대명사였던 그랜저를 가진 사람을 노렸다. 유년기 욕구 좌절이나 사회문화적 해악에 책임을 묻는 주장은 그랜저를 없애면 폭력성이 줄어든다는 주장과 별로 다를 바 없다. 지존파 사건 이후 그랜저 판매량이 일시적으로 급감했지만 폭력범죄가 줄었다는 이야기는 들은 바 없다. 동물행동학자 이레네우스 아이블-아이베스펠트Irenäus Eibl-Eibesfeldt는 말했다.

나는 칼라하리 사막에서 부시먼 가족과 함께 지냈다. 이들과 함께 생활하면서 나는 그들이 발로 차고 손으로 때리고 이빨로 깨무는 등의 수많은 공격적인 행동을 한다는 사실을 보고 깜짝 놀랐다. 특히 아이들의 놀이 과정에서 이런 행위가 나타났다.

공격성은 본능이다. 심지어 아무 자극 없이도 일어난다. 어항에 부부 시클리드 물고기를 넣어두면 어떻게 될까? 원래는 수컷끼리, 암컷끼리 적절한 공격성을 과시하면서 쫓고 쫓기는 행동을 반복한다. 그런데 이제 부부가 단독으로 어항을 독점할 수 있다. 결핍도 없고 갈등도 없다. 오손도손 행복하게…… 그러나 이내 수컷은 암컷을 갈기갈기 찢어 죽인다. 동성의 경쟁자를 향한 공격이 불가능해지자 해소되지 못한 공격성의 역치가 극단적으로 낮아진 것이다. 결국 무해한 대상, 즉 암컷을 향해 공격성의 전치가 일어나게 된 것이다. 원초적 공격성은 반응이 아니라 그 자체로 조건이다.

평화는 따로 또 같이에서

'세상에서 가장 위험한 인간'을 양순하게 다스리려면 어떻게 해야 할까? 사실 인간 사회의 복잡성이란 어떤 의미에서 각자의 영역에 관한 세세하고 정교한 합의 매뉴얼인지도 모른다. 업무 분장이 명확하지 않은 회사에서는 싸움이 끊이지 않는다. 칸막이로 각자의 공간을 나누고 권한과 책임을 명확하게 나누어야 한다. 공격성을 줄이는 영역에 관한 문화적 규칙이다.

우리는 우리 주변의 특정한 공간을 일시적이든 혹은 영구적이든 자기 소유라 여기고 다른 사람이 이 공간을 침범할 때 화를 내는 경향이 있다. 이런 경향은 특히 어린아이나 정신 연령이 낮은 사람에게서 두드러지게 나타난다. 이들은 식탁이나 침대의 자기 자리를 지키려고 엄청난 희생과 고통도 기꺼이 감수한다.

첫 번째 규칙은 선점권이다. 지하철 좌석은 먼저 앉은 사람이 임자다. 힘의 균형이 극단적으로 기울어질 경우, 예를 들어 용 문신을 한 건달이 을러대면 선점권에도 불구하고 영역의 주인이 바뀔 수 있다. 하지만 예외적인 경우다. 우리는 대개 먼저 앉은 사람의 권리를 인정한다. 아니, 그렇다면 노약자나 임산부를 위한 양보는? 어디까지나 '양보'다. 선점권에도 불구하고 자리를 할애하는 것이다. 그래서 노인이나 임산부가 하차하면 좌석은 종종 원래의 주인에게 돌아가곤 한다.

선점권이 분명하지 않으면 격렬한 공격성이 일어난다. 지하철 좌석의 평등한 분배를 위해서 매번 역에 정차할 때마다 모두 자리에서 일어나 새로 자리를 쟁탈하도록 하면 어떻게 될까? 분명히 평화로운 객실은 아닐 것이다.

두 번째 규칙은 위계다. 엥? 갑질에 호되게 당해본 사람이라면 위계가 공격성을 줄인다는 사실에 의문을 제기할 것이다. 위계도 없고 계급도 없는 평등한 사회가 평화로운 사회로 가는 길이 아닐까?

동물학자 토를레이프 셀데루프 에베Thorlief Schjelderup-Ebbe는 10살 때부터 집에서 키우는 닭을 관찰했다. 무려 17년을 관찰해서 그 결과를 바탕으로 박사 논문을 썼다. 닭만 잘 키워도 박사 학위를 받을 수 있다. 바로 '쪼는 순서'에 관한 유명한 관찰 연구다. 닭장 안에서 강한 녀석은 바로 아래 녀석을 부리로 쫀다. 그런데 오로지 바로 아래 서열에 위치한 녀석만 쫀다. 그렇게 닭 무리에서 쪼는 순서가 생긴다. 바로 위와 아래에 위치한 개체 사이에서만 긴장이 나타난다. 무리의 공격성은 일정한 한계 내에서 제한된다.

위계질서가 가장 두드러진 인간 사회는 바로 군대다. 소비에트는 인간 본성을 무시한 여러 실험을 했는데 붉은 군대도 마찬가지였다. 군대 내 계급제를 폐지한 것이다. 소비에트의 여러 실험처럼 붉은 군대의 실험도 결과가 좋지 않았다. 군대가 도무지 돌아가지 않았다. 아무리 갑질이 심하더라도 적군에 의해 몰살당하는 것보다는 낫다. 병사들이 선거로 지휘관을 뽑기도 했지만 역시 효율적이지 않았다. 적군은 백군에 계속 패배했다. 군대는 적과 싸우는 '공격용' 조직이지만 동시에 내부의 공격성을 최대한 억제해야 한다. 군인은 모두 총을 가지고 있고 총은 적군뿐 아니라 아군에게도 쏠 수 있기 때문이다. 소비에트는 평등한 사회를 공식적으로 지향했지만 군대는 도무지 선전용으로도 그럴 수 없었다. 1930년대 중반, 붉은 군대는 군대 내 계급 제도를 공식적으로 도입했다.

아니, 그렇다면 대대로 이어져 내려온 선점권을 보장하고 위계와 서열도 인정하라는 말인가? 조선시대로 돌아가라고? 오해는 말자. 이레나우스 아이블 아이베스펠트는 사회철학자 헤르베르트 마르쿠제Herbert Marcuse의 말을 빌려 이렇게 말했다.

> 어떤 종류의 억압이든 억압을 하지 않고 다루는 일은 생물학적으로 불가능하다. 예를 들어 비행기 조종사의 권위는 이성적 권위다. 승객이 조종사에게 비행기 조종을 지시할 수는 없다. 생물학적 필연이다. 그러나 정치적 지배, 다시 말해서 착취와 억압에 기반을 둔 지배는 전혀 다르다.

우리는 억압과 압제를 싫어하지만 무질서한 만인의 만인에 대한 난투극도 원하지 않는다. 두 가지를 모두 조화할 수 있는 방법이 있을까? 착취 대신 사랑, 억압 대신 공감? 전통이나 윤리, 도덕, 신뢰, 겸손 등은 단골로 등장하는 대책이지만 실현 가능성은 솔직히 잘 모르겠다. 지혜와 지식에 바탕을 둔 위계도 뭔가 좀 그렇다. 그런 방법이 가능했다면 이미 긴 진화사를 통해 지혜와 사랑에 바탕을 둔 이상적 사회가 여러 번 등장했을 것이다.

분명한 인류학적 사실을 들자면 인류가 가장 평화로웠던 시기가 구석기 시대라는 것이다. 플라이스토세 내내 인류는 거의 싸우지 않았다. 치열한 집단 간 전쟁은 홀로세 직전에 등장했다. 비교적 최근 일이다. 농사를 지으면서 땅에 붙어살아야 했고 영역권이 날카롭게 충돌했다. 선점의 권리와 위계질서는 공격성을 어느 정도 억제할 수 있었겠지만 대를 이은 차별과 착취, 억압을 유발했다. 집단 간 공격성을 막는 방법은 아직 없다. 지금도 세계 어디선가 전쟁 중이다.

평화로운 미래라는 거창한 주제는 과대망상증 환자나 UN이 할 일이다. 사실 그 둘은 좀 비슷한 면이 있다. 아무튼 인류학적 근거 기반의 확실한 제안을 해보자.

인류가 평화롭게 살았던 시기는 인구가 적고 땅이 무한히 넓었던 시기였다. 좁은 밀림에서 살던 그 이전에도 좁은 도시에 모여 살던 그 이후에도 인류는 평화로울 수 없었다. 서로의 거리를 충분히 확보하는 것이 타고난 공격성을 해결하는 가장 확실한 행동생태학적 방법이라고 믿는다. 과거에는 지리적 이산이었다. 지금은 더 다양한 차원의 이산이 가능하다.

6

이 세상의 첫 번째 사랑

유성생식의 시초와 동성애

백조는 당연히 흰색이라는 관념을 무너뜨린 검은 백조, 흑고니의 발견은 인간의 인식과 경험에 큰 충격을 주었다.

1696년, 네덜란드의 탐험가 빌럼 더 플라밍Willem de Vlamingh이 호주를 향해 떠났다. 2년 전 실종된 동인도회사의 선박과 선원, 승객을 찾기 위한 탐험이었다. 결과적으로 수색 작업은 실패했지만 더 플라밍은 역사에 이름을 남기게 되었다. 검은 백조, 즉 흑고니를 처음 본 최초의 유럽인이 되었기 때문이다. 서호주 퍼스의 한 강을 거슬러 올라가던 탐험대는 수많은 검은 백조를 보았다. 플라밍은 그 강에 스완강이라는 이름을 붙였다.

– 필립 E. 플레이포드, 〈1696-1697년 빌럼 더 플라밍의 테라 오스트랄리스를 향한 탐험〉(1998년) 중에서

흑고니와 동성애의 공통점

백조의 정식 명칭은 고니인데 기러기목 오리과에 속한다. 검은 백조, 즉 흑고니 *Cygnus atratus*는 호주 남동부와 남서부에 주로 서식하는 고니의 일종이다. 호주국립대학교에서 유학하던 시절, 학교 캠퍼스에서 자주 볼 수 있었다. 처음 보면 정말 놀랍지만 자꾸 보면 아무

렇지도 않다. 사실 한국에서도 백조를 볼 일은 거의 없었다. 하얀 백조든 검은 백조든 말이다. 내 인생을 돌이켜보면 검은 백조를 훨씬 많이 보았다.

그러나 18세기 유럽인은 그렇지 않았다. 북반구에 사는 고니는 모두 눈부시게 하얗다. 서양에서는 고니를 고급 요리로 자주 먹었다. 칠면조 상위 호환이다. 공원에서는 관상용으로도 많이 키웠다. 부엌과 공원에서 늘 볼 수 있던 고니의 깃털은 언제나 우아한 순백색이었다. 1696년까지 예외는 없었다.

흑고니의 사례는 고등학교에서 귀납법의 한계를 수업할 때 많이 인용된다. 귀납논증이란 전제를 통해서 결론을 개연적으로 지지할 수 있는 논증을 말한다. 귀납논증의 대표적 전제가 바로 '무수한' 사례다. 수천 년 동안 관찰된 무수한 고니가 모두 하얀색이었으니 고니는 하얀색 깃털을 가진다는 결론을 개연적으로 지지한다고 논증할 수 있다.

흔히 연역논증이 귀납논증보다 우월(?)하다고 말하지만 사실 과학 연구에서 완전한 연역논증은 매우 드물다. 아무리 논리적 정합성을 들이대도 최초의 전제는 대개 귀납적 추측이다. 생물학에서 흔히 사용하는 논증법인 가설-연역법도 '연역'이라는 이름과 달리 귀납논증의 한 예다. 사례로부터 가설을 제안하는 귀납적 과정과 가설로부터 도출되는 현상이나 결과를 통해 가설을 입증 혹은 기각하는 연역적 과정으로 구성된다.

예를 들어보자. 동성애자는 자식을 잘 낳지 않는다는 사례는 주변에서 쉽게 찾을 수 있다. 이를 통해서 동성애는 번식적합도를 떨어뜨린다는 가설, 즉 동성애는 적응적 형질이 아니라 부적응적 형질이라는 가설을 세울 수 있을 것이다. 그렇다면 몇몇 후속 가설을 고려할 수 있는데 동성애는 진화적 본성이 아니라 문화적 결과일 것이라는 후속 가설도 그중 하나다. 동성애는 병리적 현상이라는 후속 가설도 가능하다. 만약 이 가설이 옳다면 동성애를 '조장'하는 매스미디어를 금지해서 동성애를 줄일 수 있을 것이다. 동성애 환자를 정신치료해서 '정상'으로 되돌려 놓을 수 있을지도 모른다.

이러한 잠정적 가설은 관찰이나 실험을 통해 충분히 연역될 수 있을까? 고니가 모두 하얗다는 가설은 탐험가 더 플라밍의 발견을 통해 기각되었다. 그런데 유성생식을 하는 동물은 모두 이성애를 보인다(혹은 보여야 한다)는 가설은 어떨까? 동성애를 둘러싼 수많은 진화적, 문화적, 윤리적 논쟁은 바로 이 핵심 가설의 연역 가능성에서 출발한다.

다윈의 역설

모든 유기체의 진화를 이끄는 하나의 일반 법칙은 바로 이것이다.
번식과 변이, 그리고 상이한 생존력이다.
- 찰스 다윈,《종의 기원》중에서

성적 행동은 상당히 많은 에너지가 드는 활동이다. 배우자 탐색이나 짝 경쟁은 물론이고 직접적 번식 행동도 공짜가 아니다. 성적 행동은 즐거움을 유발하므로 이득이라고? 쾌락은 그 자체로 적응적 이득이 될 수 없다. 행동을 추동하는 심리적 욕동에 불과하다. 성적 행동(그리고 이에 수반한 쾌락도)은 모두 번식적합도 향상이라는 결과를 보장하므로 진화할 수 있었다.

그런데 아무래도 동성애는 번식적합도를 향상할 수 있을 것 같지 않다. 도리어 적합도가 낮아질 것 같다. 비용은 드는데 이득은 없는 것 같다. 교미 행동의 비용 중 하나는 포식 위험이다. 번식과는 무관한 교미 행동을 하다가 자칫하면 포식자의 점심 식사가 될 수 있다. 이를 동성애에 관한 '다윈의 역설'이라고 부른다.

역시 동성애는 진화적 본성이 아니라 문화적 현상일까? 사회과학은 전통적으로 인간 행동의 문화적 측면을 강조하는데 이와 동시에 동성애에 관해 진보적 입장을 가지는 편이다(물론 모두 그렇지는 않지만). 흥미롭게도 이 두 입장은 서로 묘하게 엇갈린다.

2003년에 이루어진 한 연구에 의하면 성적 행동에 관한 윤리적 입장은 인간성에 관한 응답자의 태도에 큰 영향을 받았다. 다시 말해서 동성애를 생물학적 본성이라고 여기는 응답자는 게이에 대해서도 우호적 태도를 보였다. 인간 행동의 유전적 결정론에 반감을 가지고 있는 진보주의자도 보통 동성애에 관해서는 정반대의 입장을 가지는 것이다. 반대로 동성애를 개인의 선택 혹은 양육이나 환경 조건의 결과라고 생각하는 응답자는 게이에 대해서 부정적 태도를 보였다. 개인의 본성은 혈통이 결정한다고 믿는 완고한 보수주의자도 동성애에 관해서는 갑자기 환경 결정론자로 돌변한다.

아, 조심스럽다. 동성애에 관한 언급은 언급 자체로 사회적 의제를 제기하는 결과를 낳는다. 아마 글을 읽는 독자 대부분은 이미 '이 거 동성애를 지지하는 글이구만?' 혹은 '동성애를 혐오하는 글이구 만?'하는 식으로 어느 정도 태세를 세우고 있을 것이다.

이 세상에는 동성애 옹호론자와 동성애 반대론자의 극단적 주 장이 가득하다. 개인의 종교적, 윤리적, 도덕적 태도와 단단히 결부 되어 있다. 그리고 종교나 윤리, 도덕에 관한 입장은 내적 의심에 영 향을 잘 받지 않는 추단적 경험칙이다. 그러니 종교와 윤리가 된 것 아닌가? 의심하는 태도가 중요한 과학적 사고와는 거리가 멀다. 상 황이 어렵다. 무슨 말을 해도 반대파의 공격을 받을 테다. 적당히 타 협적으로 말하면, 양쪽의 협공을 받는다.

그래서 그런지 동성애에 관한 진화인류학 연구는 드물다. 번식 은 진화이론의 가장 중요한 개념이고 혼인은 인류학의 전통적 연 구 테마이며 성적 행동은 중학교 때부터 모든 사람이 몹시 큰 관심 을 보이는 주제인데도 말이다. 이야말로 진정한 '다윈의 역설'이다. 아니 과학이 이렇게 발전했다는데, 왜 동성애에 관한 진지한 연구는 별로 없을까? 당연한 일이다. 세상에는 동성애 연구 외에도 '안전 한' 연구가 많다. 예를 들면 여드름의 진화계통학적 기원, 스파게티 와 미트볼의 공진화 혹은 백조의 깃털색에 관한 연구다.

물론 동성애에 관한 연구(진화인류학 연구는 아니지만)는 아주 많 다. 하지만 대개 시시한 연구다. 입증할 수 없는 전제(예를 들면, 개인 적 경험이나 내적 믿음, 막연한 이상주의, 성경 구절, 동성애자 셀럽의 발언 등) 에 근거하여 연역의 나래를 펼쳐 나간다. 연구가 아니라 프로파간다 에 가깝다.

나도 안전한 것을 좋아한다. 좌석벨트도 늘 착용한다. 그러니 백조 이야기로 다시 돌아가보자.

흑이 원조다

당신이 바로 검은 백조라는 것을 기억하라.
- 나심 니콜라스 탈레브, 《블랙 스완》(2007년) 중에서

전 세계적으로 대략 6종의 고니가 살고 있다. 우리가 흔히 보는 고니, 즉 백조는 대개 고니, 큰고니, 흑고니 등이다. 북미에는 나팔고니가 있는데 거의 멸종될 뻔했다가 다시 개체 수가 늘어났다. 북반구 전역에 서식하는 이들은 모두 흰 눈처럼 하얀 깃털을 자랑한다.

예외는 두 종이다. 남미에는 검은목고니가 사는데 이름 그대로 목만 까맣다. 그리고 호주와 뉴질랜드에 앞서 말한 흑고니가 살고 있다. 부리를 제외한 온몸이 까맣다. 심지어 발목도 물갈퀴도 까맣다. 흑고니를 처음 본 탐험대는 이렇게 물었을 것이다.

"쟤네는 왜 깃털이 까맣게 되었을까?"

혹시 호주의 호수는 까맣기 때문일까? 호수라면 보통 맑은 파란색을 연상하지만 호주와 뉴질랜드의 호수는 종종 검은 빛깔이다(먹물처럼 새까만 것은 아니다). 탄닌 성분이 많기 때문이다. 혹시 사냥을 위한 위장색일까? 아니면 다른 포식자를 피하기 위한 보호색일까? 동식물의 독특한 형질을 볼 때, 우리 머릿속에 처음 떠오르는 최초

의 가설은 주로 포식과 회피에 관한 것이다.

하지만 고니는 덩치가 큰 새다. 호주에는 포식자가 드물다. 성체 고니라면 포식의 위험에서 일단 안심이다. 그러면 혹시 고니는 육식 조류일까? 그러나 언뜻 봐도 알 수 있듯이 고니는 초식 동물이다. 그러니 사냥을 위해 자신의 몸을 위장할 이유도 없다.

혹시 호주의 뜨거운 햇빛이나 건조한 기후 때문일까? 동물의 독특한 형질을 볼 때 우리가 떠올리는 두 번째 반응이다. 기후와 환경에 관한 것이다. 왠지 흰색보다는 검은색이 직사광선으로부터 더 강할 것 같다. 그러나 그냥 느낌이 그럴 뿐이다. 검은 깃털이 몸을 보호해준다는 증거는 아직 없다. 사실 무더운 열대 지방의 새는 검은색이 아니라 대개 화려한 원색이다. 보통 고위도 지방으로 갈수록 깃털은 거무튀튀해진다. 한국에서 좀처럼 새하얀 새나 알록달록한 새를 볼 수 없는 이유다. 주변을 보라. 온통 피전그레이 컬러의 비둘기 떼 아닌가? (색이 아름다웠다면 '하늘의 쥐'라는 오명은 피할 수 있었을 텐데…….)

어떤 형질의 진화적 원인을 추론하는 것은 아주 재미있지만 이를 입증하는 것은 매우 어렵다. 자칫하면 '아무 말 대잔치'다. 혹시 코뿔소의 가죽은 왜 주름이 있는지 아는가? 목욕을 하려고 가죽을 잠시 벗었다가 가죽 속에 과자 부스러기가 들어갔기 때문이다. 가죽을 다시 입은 코뿔소는 몸이 너무 간지러웠다. 그래서 몸을 박박 긁다가 주름이 생겼다는 것이다. 러디야드 키플링Rudyard Kipling의 동화, 《그냥 그랬다는 이야기Just So Stories》에 등장하는 설명이다. 어린 아이의 상상력을 자극하기엔 훌륭하지만 논문으로 발표하면 바로 게재 불가 통보를 받을 것이다.

최근에 《바이오아카이브》에 공개된 한 논문에 의하면 호주의 고니는 까맣게 진화한 것이 아닐지도 모른다. '블랙 스완 원조 가설'이다. 조류의 깃털색에 관여하는 대표적인 네 개의 유전자 *SLC45A2, SLMO2, ATP5e, EDN3*를 조사해보니, 뒤의 세 유전자는 보통 고니와 흑고니에서 모두 같았다. 그런데 첫 번째 유전자가 좀 수상했다. '하얀' 고니의 *SLC45A2* 유전자의 첫 번째 오픈 리딩 프레임open reading frame, ORF에서 단일 뉴클레오티드 결실이 관찰된 것 아닌가(ORF란 아미노산으로 번역되는 염기서열을 말한다). 이 부분에서 결실이 일어났고 마치 잘못 채워진 지퍼처럼 줄줄이 한 칸씩 밀리게 되었다. 이를 '프레임시프트돌연변이'라고 한다.

그렇다면 원래 '태초의' 고니는 까만색이었을지도 모른다. 북반구의 고니에게 돌연변이가 일어났다. 그래서 하얗게 변한 것일까? 아직은 더 연구가 필요하다. 하지만 만약 그렇다면 왜 블랙 스완이 진화했는지 아무리 연구해봐야 소용없다. 좋은 성과를 거두기 어렵다. 반대로 '화이트' 스완이 진화한 이유를 찾는 것이 더 현명한 일이다. 아마도 고니는 원래부터 검은 백조, 즉 블랙 스완이었다.

동성애가 먼저라면?

동성애도 혹시 그렇지 않을까? 최근 블랙 스완 원조 가설처럼 기존의 상식을 깨는 동성애 연구가 발표되었다. 동성애가 먼저 있었고 이후에 이성애가 진화했다는 것이다. 정확하게 말하면 '성별을 가리지 않는 무차별적 성적 행동이 더 먼저 있었다고 생각해보면 어떨까?'라는 주장을 담은 연구다.

교황청의 입장에서 보면 정말 '이상한' 성적 행동이 자연의 세계에 만연해 있다. 다른 종과 교미하고, 죽은 개체와 교미하고, 무생물과 교미하고, 물론 자위도 한다. 특히 동성 간 성적 행동이 가장 널리 알려져 있다. 무려 1500종에서 관찰되었는데, 계속 늘어나고 있다. 거의 모든 동물 분기군에서 광범위하게 나타나는 보편적 현상이다. 혹시 '엄격한 배타적 이성애'는 '백조의 새하얀 깃털'처럼 예외적 현상인지도 모른다.

사실 이미 동성 간 성적 행동의 진화에 관한 십여 종의 가설이 제안된 바 있다. 대개 동성애의 적응적 효과에 초점을 두고 있다. 마치 흑고니의 깃털이 새까맣게 진화한 이유를 찾으려는 시도와 비슷하다. 진지한 주장부터 키플링 동화에 한 챕터 추가하면 좋을 듯한 주장까지 다양하다. 몇 가지 예를 들어보자.

첫째, 친족 선택 가설이다. 동성애를 보이는 개체가 형제나 자매의 적합도를 향상한다는 것이다. '우리 삼촌은 여자친구도 없나 봐요. 결혼도 안 하고 만날 친구랑 놀아요. 하지만 저희 조카에게는 참 잘 해준답니다'라는 식이다.

둘째, 초우성 가설이다. 특정 유전자가 이형접합체를 보일 때 적합도가 높기 때문에 동형접합체를 이룰 때 보이는 손해(동성애)에도 불구하고 진화한다는 주장이다. 역시 남성 동성애를 설명하는 가설이다. 예를 들어 동성에게 정서적 공감을 보이는 유전자가 하나만 있으면 여전히 이성애를 보이지만 남성 사이에서도 매력남이 된다는 것이다. 그런데 두 개가 있는 바람에…… 뭐, 이런 가설이다.

셋째, 성 내 갈등 가설이다. 위계질서를 보이는 사회적 종에서 동성 간 성적 행동은 경쟁자의 적합도를 떨어뜨리고 이를 통해 자신의 적합도를 향상할 수 있다는 것이다. 위압을 통한 동성 간 성적 행동 강요다. 경찰이 없던 시절에나 가능했을 것이다.

넷째, 성적 대립선택 가설이다. 특정 유전자가 한쪽 성에 나타나면 적합도를 크게 향상하지만 다른 쪽 성에 나타나면 동성 간 성적 행동을 통해서 적합도가 낮아진다는 주장이다. '저 녀석이 계집애로 (아니면 사내 자식으로) 태어났어야 하는데……'라는 것이다.

다섯째, 연습 가설이다. 아직 미성숙한 개체가 동성 간 성적 행동을 통해서 미래의 이성 간 성적 행동을 연습한다는 것이다. 사춘기 무렵 소위 '단짝' 사이의 관계는 이성 애인 간의 관계와 여러모로 비슷한 점이 많다는 것에서 착안한 것 아닐까?

여섯째, 사회적 유대 가설이다. 이 주장에 의하면 동성 간 성적 행동은 번식을 위한 것이 아니다. 사회적 유대와 동맹을 공고하게 유지하고 잠재적 동성 갈등을 줄이려는 시도다. 근데 그렇다면 '핵인싸'일수록 동성애를 보일 것이다. 글쎄?

일곱째, 간접 사정 가설이다. 다른 수컷을 통해서 자신의 정자를 암컷에게 전달하려는 시도라는 주장이다. 점점 키플링의 동화에 가까워진다.

좀 더 이야기해볼까? 지금까지는 적응적 가설이었다면 아래의 가설은 동성애가 '부적응'이라고 가정한다.

첫째, 암컷이 신체적으로 약한 종의 경우다. 이 경우 약한 수컷은 암컷으로 오인되어 성적 행동을 유발할 수 있다는 주장이다. 동물이라면 그럴 수 있겠지만 인간 사회에서 이런 오인이 발생하는지는 모르겠다.

둘째, 상대 성의 개체가 드물어지는 생태적 환경이다. 하는 수 없이 동성을 향한 성적 행동이 일어난다. 이른바 감옥 효과다. 이해가 안 되면 드라마 〈프리즌 브레이크〉를 정주행하자.

셋째, 성적 자극의 역치가 낮은 경우다. 성적 행동이 너무 쉽게 촉발된다면 동성 간 성적 행동뿐 아니라 무생물이나 다른 종, 시체 등을 향한 부적응적 교미 시도 행동도 설명할 수 있을 것이다. 무슨 말인지는 알겠지만 인간의 동성애를 설명할 수 있을 것 같지 않다. 일반적으로 동성애자는 파트너 탐색에 더 애를 많이 먹는다.

넷째, 바이러스 감염 등 다른 요인에 의해 나타나는 병적 행동이라는 주장이다. 숫양은 동성 간 성적 행동을 흔히 보인다. 인간과 양에게 흔한 감염균의 일부는 유사하다. 뭔가 기발한 착안이지만 무슨 명확한 근거가 있는 것은 아니다. '그냥 그렇게 생각해볼 수도 있지 않을까?'라는 제안이다. 키플링의 동화 한 챕터 추가!

이러한 백화점식 가설에 고개를 끄덕이는 독자보다는 고개를 갸웃거리는 독자가 더 많을 것이다. 너무 많은 가설이 제안된다는 것은 뭔가 방향을 단단히 잘못 잡고 있다는 뜻이다. 앞서 말한 가설 대부분은 몇몇 동물 종의 사례 보고에 의존하고 있거나 아예 이것저것 생각의 나래를 펼쳐보는 수준에 지나지 않는다. 앞서 언급한 여러 연구가 잘못된 연구라는 것은 아니다. 분명히 위대한 과학적 발견의 상당수는 공상 수준의 가설에서 시작한다. 나는 기발한 가설 연구를 찾아 읽기 좋아한다. 너무 재미있다. 하지만 천재적 발상, 기발한 가설이라고 '옳은' 가설이라는 것은 아니다. 대개는 과학적 검증이라는 콘테스트의 예선도 통과하지 못한다.

앞서 말한 대로 동성애의 진화에 대한 기존의 관점을 정면에서 비틀어보면 어떨까? 가설 대부분에 고개를 갸웃하게 하는 이유는 바로 이거다. 동성애의 비용/이익을 너무 크게 잡는다. 그러니 '다윈의 역설'을 설명할 수 없다. 아직 발견되지도 않은 유전자를 두고 '요 녀석이 이형접합체 유리 현상을 보이네, 대립선택 현상이 일어나네' 하며 설레발을 치는 것이다. 혹은 사회적 유대, 감옥, 감염, 연습 등 예외적인 생태적 환경을 가정한다. 그러나 예외로 몰아치기에는 동성 간 성적 행동이 너무 흔하다. 질문을 다음처럼 바꿔보자.

왜 어떤 종이나 어떤 개체는 동성 간 성적 행동을 하지 않도록 진화했는가?

사실 이성애가 더 놀라운 것

이성애, 더 정확하게 말해서 이성 간 성적 행동을 위해서는 몇 가지 새로운 진화적 적응이 필요하다. 일단 상대가 자신과 같은 종인지 식별해야 하고 다시 다른 성에 속하는 개체인지 식별해야 한다. 아니, 남녀가 서로를 알아보는 것은 자연스러운 일 아닌가? 그러나 이러한 이른바 '이성 식별 모듈'은 상당히 비용이 많이 드는 심리적 모듈이다. 코미디언은 이를 경험적으로 잘 알고 있다. 그래서 남장을 하거나 여장을 해서 관객의 이성 식별 모듈을 살살 간지럽힌다. 아마 이성 식별 모듈이 처음 진화한 것은 아주 예외적 사건이었을 것이다.

유성생식이 나타난 이후 가장 최초의 우리 선조는 아마도 무차별적 성적 행동을 보였을 것이다. 유성생식을 한다지만 사실 암수의 차이가 거의 없는 상태다. 성 간 차이, 즉 성적 이형성이 없으니 성을 식별하는 것은 거의 불가능하다. 사실 그럴 필요도 없다. 어차피 주변 개체의 절반은 다른 성일 테니 교미 횟수를 늘리면 그만이다. 극피동물이 대표적이다. 동성 간 성적 행동과 이성 간 성적 행동이 모두 관찰된다.

배타적 이성 간 성적 행동, 즉 엄격한 이성애는 동성 간 성적 행동의 비용이 막대한 상황에서만 진화할 수 있다. 그런데 그런 생태적 환경이 과연 있을까? 차별적 성적 행동, 즉 이성애가 진화할 수 있는 진화생태학적 조건은 대략 세 가지다. 첫째, 암수의 생식세포 크기의 상대적 차이. 둘째, 다세포성 유기체. 셋째, 비이동성 종.

유성생식을 하는 많은 종은 점차 이성 식별을 통한 이성 간 성적 행동을 통해서 적합도를 더 높게 향상할 수 있었을 테다. 그러나 그런 경우에도 여전히 동성 간 성적 행동을 회피해야 할 이유는 낮다. 동성 간 성적 행동의 비용은 별로 높지 않다. 잦은 교미 횟수가 이를 충분히 상쇄할 수 있기 때문이다. 번식으로 직결되는 교미의 확률은 아주 낮다. 특히 수컷이 그렇다.

일찍이 영국의 유전학자 앵거스 베이트만Angus Bateman은 이른

바 '베이트만의 원리Bateman's principle'로 알려진 몇 가지 유성생식의 원칙을 제안한 바 있다. 그중 하나가 바로 '수컷은 암컷보다 짝 숫자와 자손 숫자의 상관도가 더 높다'는 것이다. 그래서 일반적으로 수컷은 암컷의 자질을 크게 가리지 않는다. 잦은 교미를 위해서 수컷의 생식세포는 아주 높은 생산성을 보인다. 남성 독자라면 지금 이 순간에도 초당 3000개의 정자가 생산되고 있다.

따라서 유성생식을 하는 종의 일반적인 수컷은 '다른 제한 조건이 없다면' 무조건 자주 교미를 하는 편이 유리하다. '저 녀석이 나와 같은 종일까? 살아 있는 녀석일까? 다른 성일까? 번식이 가능한 상태일까?' 이런 고민으로 좌고우면하면 곤란하다. '일단 저지르고 보자!'라는 행동 전략이 진화했다(그래서 경찰서 유치장에는 온통 남성, 그것도 젊은 남성이 득실거린다). 동성 간 성적 행동(혹은 동성애)이 수컷에서 더 흔한 현상을 설명해줄 수 있을지 모른다. 물론 수컷 한정의

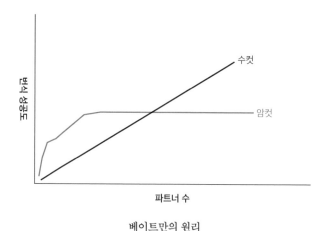

베이트만의 원리

일반적으로 수컷은 배우자의 숫자를 늘려서 적합도를 향상시킬 수 있다.

논리는 아니다. 개별 교미 시도의 비용이 낮은 종이라면 양성 모두 짝을 까다롭게 고르지 않는다. 암컷이든 수컷이든 모두 동성 간 성적 행동을 보일 수 있다.

이러한 현상은 각 개체의 생태적 적응 과정에서도 나타날 수 있다. 개체가 자신과 주변, 그리고 미래를 돌아보니 아무래도 까다롭게 짝을 고르는 편이 낫겠다 싶을 수 있다(의식적 의사 결정이라는 것은 아니다). 차별적 교미의 이익이 크다면 이성 간 성적 행동을 시도하는 것이 유리하다. 다음과 같은 경우다.

첫 번째 조건은 앞서 말한 대로 자신이 여성일 경우다. 임신과 육아 투자가 상대적으로 큰 여성은 남성에 비해 짝을 까다롭게 고르는 편이 유리하다.

두 번째 조건은 양호한 조건하에서의 남성이다. 인간은 상호 짝 선택을 보이는 독특한 종인데 특히 느린 생애사 전략을 추구하는 개체에서 그런 경향이 두드러진다. 남성이라도 장기간의 양육 동맹을 맺어 적은 수의 자식을 잘 키울 요량이라면 까다롭게 배우자를 고를 것이다. 그러나 열악한 환경으로 인해 빠른 생애사 전략을 취하는 경우라면 무차별적 성적 행동의 상대적 이득이 높아질 것이다. 그러한 성적 행동의 일부는 우리의 오랜 유성생식 조상처럼 동성을 향할 것이다.

만약 이러한 가설이 옳다면 동성 간 성적 행동은 남성에서 더 흔하고 열악한 생태적 조건에서 더 많이 나타나며, 상당수는 배타적 동성 간 성적 행동(혹은 동성애)이 아니라 무차별적 성적 행동(혹은 양성애)으로 나타나며, 동성 간 성적 행동 관련 파트너십의 기간은 이성 간 성적 행동 관련 파트너십의 기간에 비해 평균적으로 더 짧을 것이다.

블랙 스완의 진정한 의미

2001년, 경제학자 나심 니콜라스 탈레브Nassim Nicholas Taleb는 이른바 '블랙 스완 이론black swan theory'를 제안했다. 생물학과는 무관한 경제학 이론이다. 대략 다음과 같다.

과거의 사례를 통해서는 절대 예측할 수 없는 매우 드문 사건이 일어날 수 있다.

이러한 드문 사건은 극단적 충격을 유발한다.

사람들은 사건이 발생한 이후에 '사실 예측할 수 있었어'라며 사후 설명을 제시한다.

진화적 과정은 대개 점진적이다. 계통적 점진주의에 따르면 우리는 과거의 진화적 계통수를 상당히 정확하게 재구성할 수 있다(자료만 충분하다면). 그리고 충분한 데이터가 쌓이면 앞으로의 진화적 방향을 예측할 수도 있을 것이다. 화석 증거에 따르면 점진적 진화의 증거는 차고 넘친다.

그러나 가끔 돌발적 사건도 일어났다. 단속평형설은 격변주의의 현대식 버전이라고 할 수 있는데 진화는 정체기와 갑작스러운 종분화가 번갈아 나타난 결과라는 것이다. 중생대의 시작과 신생대의 시작이 그랬다. 그리고 아마 인류 문명의 시작도 점진적 과정이 아니라 갑작스러운 현상인지도 모른다.

앞서 흑고니의 진화, 아니 '백고니'의 진화에 관해 연구한 연구팀은 다른 유전자에 관한 연구도 같이 발표했다. 흑고니는 고병원성 조류 인플루엔자에 매우 취약한 특징이 있는데 아마 그 이유는 흑고니에서 TLR7(Toll-like receptor 7) 단백질 발현이 일어나지 않기 때문이라는 것이다. TLR7은 포유류와 조류에서 널리 관찰되는 단백질인데 바이러스 게놈의 단일 가닥 RNA을 인식하여 병원체에 대한 체액 면역 반응을 촉발하는 기능이 있다.

코로나19 바이러스도 RNA바이러스다. 코로나19 유행 초기 *TLR7* 유전자 결함이 있는 4명의 환자에서 증상이 심해진 사실이 알려졌다. 평균 연령은 26살에 불과한 젊은 남성들이었다. 건장한 청년들이 코로나로 중환자실 신세를 졌다. 한 환자는 결국 사망했다. 이들은 모두 같은 유전자 결함을 공유했던 가족이었다.

일반적으로 코로나19는 남성과 노인, 비만 환자에서 더 높은 심각성을 보인다. 모두 TLR7 단백질의 발현 수준을 떨어뜨리는 신체적 조건이다. 인간에게 *TLR7* 유전자는 X염색체에 위치하는데, 따라서 X염색체가 두 개인 여성은 상대적으로 TLR7 단백질이 불활화될 가능성이 낮다. 남성이 여성에 비해 코로나19에 걸리면 죽을 위험이 더 높은 이유다. 늙고 뚱뚱한 남자라면 더 위험하다(내가 그렇다).

지금부터는 상상의 나래다. 혹시 검은 깃털의 고니가 번성하던 과거 어떤 시점에 고병원성 인플루엔자가 호주를 제외한 곳에 크게 유행한 것은 아닐까? 그래서 멸종에 이른 고니 개체군에서 일부 개체의 변이가 일어나 TLR7 단백질 발현이 일어나기 시작했다면? 앞서 말한 연구에 의하면 주요 조직적합성 복합체major histocompatibility complex, MHC 유전자 좌위의 차이는 없었으므로 이러한 변화와 깃털 색이 유전적으로 직접 연관되지는 않을 것으로 추정된다. 그러나 개체 수가 크게 줄면 유전적 부동에 의해서 적합도와 무관한 형질이 느닷없이 유전자 풀에 고정될 수도 있다. 만약 그렇다면 블랙 스완 혹은 '화이트 스완'은 누구도 예측할 수 없는 갑작스러운 진화적 격동의 결과일지도 모른다. 탈레브의 말처럼 말이다. 그렇다면 고니의 색이 원래 검어야 한다든가 아니면 모름지기 희어야 한다는 식의 논쟁은 아무 의미 없는 일이다. 모든 설명은 다 만들어낸 사후 설명이며 현상에 관한 올바른 해석이 아니다. 물론 동성애에 관한 다양한 진화적, 문화적, 윤리적 설명도 이러한 사후 설명에 불과한 것인지도 모른다.

여러 증거에 의하면 동성애는 유전성이 높은 행동 형질이다. 전적으로 타고난 본성은 아니지만 상당한 수준의 유전성을 보인다. 교육이나 계도, 치료로 달라지기 어렵다. 물론 고문을 해도 소용없다.

하지만 유전성이 있는 진화적 본성이라고 해서 그것이 적응적 형질이라는 말은 아니다. 분명히 인간은 높은 수준의 이성애, 즉 이성 간 성적 행동의 형질을 보이도록 진화했다. 인간은 높은 수준의 개체 식별 능력, 장기간의 양육 협력, 차별적 짝 선택 경향을 가지기 때문이다. 인간 사회에서 동성애는 절대 지배적 적응 전략이 될 수 없다. 시청 앞 광장에 무지개 깃발이 휘날리도록 내버려두면 곧 세상은 동성애자로 가득 찰 것이라는 걱정은 하지 말자. 그럴 일은 없다.

그러나 부적응적 형질 혹은 질병이나 장애라는 것도 아니다. 인류가 인류가 되기 전부터 영겁의 진화사를 거쳐 다양한 성적 전략이 나타났다. 아직은 제안 수준의 주장이지만 이성애의 원형은 동성애였는지도 모른다. 남성과 여성, 수컷과 암컷의 차이가 종잇장처럼 얇던 시절이다. 우리는 처음부터 누구든 사랑하도록 진화했다. 그래야만 번식할 수 있었다. 상대를 가려서 사랑하는 전략은 아마 비교적 최근, 수억 년 전에야 비로소 진화했을지도 모른다. 우리의 몸과 마음은 기나긴 진화의 유산이며 따라서 영겁의 세월 동안 빚어진 다양한 성적 전략의 흔적이 남아 있다. 동성 간 성적 행동의 비용이 막대했다면 여러 흔적이 말끔하게 제거되었을 테다. 그러나 아마 그러지 않았던 것 같다.

1995년, 존 메이너드 스미스John Maynard Smith와 외르시 서트마리Eörs Szathmáry는 《네이처》에 〈진화의 주요 전환점The major evolutionary transitions〉이라는 논문을 발표했다. 총 여덟 개의 전환점을 제안했는데 그중 하나가 유성생식, 즉 성의 진화다. 그리고 다른 하나가 영장류 사회, 즉 사회문화적 진화다.

아마 이 두 전환점은 점진적이지 않았을 것이다. 돌발적인 진화적 사건이었다. 유성생식이 나타난 것도, 무차별적 성적 행동과 이성 간 성적 행동이 진화한 것도, 이성 간 성적 행동과 동성 간 성적 행동이 이성애와 동성애라는 사회문화적 현상으로 나타난 것도, 그리고 수많은 동성애자를 고문하고 목을 매달은 인류의 역사도 긴 진화적 시간에서 보면 모두 예측할 수 없었던 '블랙 스완'이었다.

우리는 이런저런 사후 설명을 들이대며 동성 간 성적 행동의 생물학적 원인을, 동성애의 사회문화적 원인을, 동성애자가 보이는 정신적 형질을 설명할 수 있다고 주장한다. 심지어 역으로 동성애 혐오론자의 심리를, 동성애 차별의 사회적 반응을 설명할 수 있다고 주장한다. 그러나 아무리 봐도 그럴 것 같지 않다. 세상 모든 현상의 원인을 다 찾을 수 있는 것은 아니다. 잘 알지 못하면 그냥 내버려두는 것도 괜찮다. 코뿔소의 가죽 주름의 원인이 과자 부스러기인지 빵 부스러기인지 싸우는 식이다.

우리는 아직 하얀 고니와 까만 고니가 왜 나타났는지 잘 모른다. 그리고 앞으로도 영원히 알 수 없을지도 모른다. 뭐, 그게 중요한가? 고니의 '올바른' 색깔을 주장하며 피켓을 들고 시위하고, 한쪽에서는 까만 고니를 교수대에 올리고, 다른 한쪽에서는 고니 깃털색 차별금지법을 만들 것인가? 흑고니의 자식은 흑고니인 것을 보니 역시 깃털색은 잘못된 양육의 결과라고 주장할 것인가? *SLC45A2* 유전자의 결실을 유도하여 흑고니를 백고니로 만들어야 직성이 풀릴 것인가? 고니를 붙잡아 나무란다고 깃털색이 바뀔 것도 아니고 깃털에 페인트칠을 한다고 세상이 더 아름다워지는 것도 아니다.

아. 이 이야기를 빠트렸다. 일반적인 하얀 흑고니는 평생토록 짝과 해로한다. 심지어 성숙하기도 전부터 짝을 만나 죽음이 갈라놓을 때까지 부부로 살아간다. 드물게 '이혼'하지만 3퍼센트에 불과하다(우리나라 이혼율의 절반도 안 된다). 암수는 서로 번갈아서 둥지를 건

설하고 알을 품는다. 흥미롭게도 흑고니의 약 25퍼센트는 동성애를
보이는데 대개 수컷이다. 암컷 한 마리와 수컷 두 마리가 삼인조를
이루어 알을 낳는다. 그리고 암컷이 알을 낳으면 수컷은 힘을 합쳐
암컷을 몰아내고 둘이서 알을 키운다. 동성애 흑고니 짝의 새끼는
이성애 흑고니 짝의 새끼에 비해 더 건강하게 살아남는다.

7

살려고 먹는가, 먹으려고 사는가

최적 먹이 획득과 영양 섭취

빈센트 반 고흐Vincent van Gogh, 〈감자 먹는 사람들The Potato Eaters〉(1885년), 반 고흐 미술관.

마침 정자지기가 올라와서 "아 진지는 어떡하십니까?" 하는 말에 우유하고 빵이나 먹고 밥 생각이 나면 문안 들어가 사 먹는다고, 그래도 자기는 괜찮다고 어름어름하고 말막음으로, "웬 까마귀들이……?" 하고 물었다.

"네, 이 동네 많습니다. 저 나무엔 늘 와 사는 걸입쇼." "그래요? 그럼 내 친구가 되겠군……" 하고 그는 웃었다.

- 이태준, 《가마귀》(1937년) 중에서 수정 발췌

시체를 좋아하는 까마귀. 검은 깃털을 가지고 있고 마치 말하는 것처럼 울어대는 새. 왠지 불길하다.

전염병이 창궐한 이집트를 간신히 빠져나온 모세는 백성들에게 까마귀를 먹지 말라고 했다. 왜 그랬을까? 전염병이 돌아 마을이 시체로 가득해졌다. 이어서 까마귀도 가득해졌다. 아무래도 병에 걸린 시체를 섭취한 까마귀를 잡아먹는 건 곤란한 일이다. 역병이 더 퍼질 것이다. 에드거 앨런 포Edgar Allan Poe는 그의 시 〈까마귀The Raven〉에서 "이제 그만Nevermore"을 외쳤지만 역병은 계속 유행하고 있다. 물론 까마귀에 관한 부정적인 문화적 코드도 여전하다.

우리도 그렇다. 우리 조상은 '식전마수에 까마귀 우는 소리'라며 까마귀를 불길하게 생각했다. '식전마수'란 새벽 첫 장사를 말한다. 이제 막 하루 일을 시작하려는데 까마귀가 운다면? 아마 간밤에 누군가 죽은 것이다. 초상이 나면 사람들은 장터보다 초상집을 찾는다. 만약 역병이라도 돌았다면? 장터는 셧다운이다. 이래저래 까마귀 울음이 반가울 리 없다.

《코란》에 재미있는 이야기가 있다. 카인은 아벨을 죽인 후 좀 막막해졌다. 동생의 시신을 어떻게 처리해야 할지 알 수 없었다. 당연한 일이다. 아벨은 인류 역사상 처음으로 죽은 사람이다. 카인은 장례식을 치러본 일이 없었다. 아담은 아벨 사후 셋을 낳았는데 그때 나이가 130살이었다. 그리고 930살에 죽었다. 그러니 아벨이 죽기 이전에는 물론이고 이후에도 최소 800년간 세상에는 죽은 사람이 없었다.

아무튼 그때 두 마리의 까마귀가 나타나서 싸웠다. 한 마리가 죽자 살아남은 녀석이 땅을 파서 죽은 녀석을 묻었다. 그걸 본 카인은 아벨을 땅에 묻기로 했다. 태초부터 까마귀는 삶과 죽음을 연결하는 검은 사도였다.

사실 까마귀는 억울하다. 그저 배가 고플 뿐이다. 인간이야말로 늘 다른 동물의 사체를 먹지 않는가? 모세나 카인보다 훨씬 이전에 살았던 오스트랄로피테신은 고기를 좋아했다. 그러나 초기 인류의 사냥 실력은 그다지 인상적이지 않았다. 재주가 아직 영글지 않았던 인류는 주로 다른 동물이 먹다 남긴 찌꺼기를 약취했다. 분명히 주변에는 같은 목적으로 서성거리던 까마귀도 있었을 것이다. 까마귀에 대한 인류 보편의 언짢은 감정은 썩은 시체를 두고 벌이던 원시

경쟁에서 시작되었을까?

'먹으려고 산다! 평생을 먹으려구만 눈이 뻘개 허둥거리다 죽어? 그
건 실로 인간의 모욕이다.'

그는 쓴웃음을 지으며 지금 자기의 속이 쓰려 올라오는 것과 입속이
빡빡해지며 눈에는 자꾸 기름진 식탁이 나타나는 것을 한낱 무가치
한 습관의 발작으로 돌려 버리려 노력해보는 것이다.

– 이태준, 《가마귀》중에서

우리는 먹으려고 산다

대뇌화를 겪는 동물은 음식을 탐색하고 가공하고 섭취하는 데
많은 시간을 들여야 한다. 카리나 폰세카-아제베도Karina Fonseca-
Azevedo와 수잔나 에르쿨라누-휴젤Suzana Herculano-Houzel은 영장류
의 체구와 뇌 크기를 비교해서 식사 시간을 추정해봤다. 오랑우탄,
고릴라, 침팬지 등 대형 유인원은 하루 8시간이 최대였다. 만약 이
보다 더 큰 뇌를 가지고 싶다면 식사 시간이 9시간 이상으로 더 늘
어나야 한다. 생태학적으로 불가능하다.

그런데 인간은 엄청나게 큰 뇌를 가지고 있지 않은가? 인류 초
기 사망률 감소와 수명 연장은 번식적 이득을 제공했지만 금세 뇌
용적의 한계에 도달했다. 이를 회색 천장이라고 한다. 약 600~700
시시(cc)다. 인류는 어떻게 회색 천장을 뚫을 수 있었을까?

종	몸무게	추정 일일 섭취 시간	추정 시간당 섭취 킬로칼로리	추정 뉴런 수	추정 일일 섭취 필요 시간
호모 하빌리스	33.0	-	-	400억	7.5
오스트랄로피테쿠스 아파렌시스	38.0	-	-	347억	7.4
침팬지	44.0	6.80	175.6	275억	7.3
오랑우탄	57.2	7.20	202.0	326억	7.8
호모 에렉투스	58.0	-	-	620억	8.6
호모 사피엔스	70.0	-	-	860억	9.3
호모 하이델베르겐시스	71.0	-	-	759억	9.1
호모 네안데르탈렌시스	72.0	-	-	848억	9.3
고릴라	124.7	7.8	334.7	334억	8.8

몸무게와 뉴런 수를 토대로 각 종마다 필요한 식사 시간 추정(Fonseca-Azevedo & Herculano-Houzel 2012).

첫째, 인간은 친족 간 음식 공여가 아주 활발한 종이다. 남성은 여성에게 식량을, 부모는 자식에게 음식을 나눠준다. 당연한 일 같지만 다른 동물에서는 흔하지 않은 일이다. 대개 짝짓기 초기, 생애 초기에만 잠깐 일어난다. 인간은 평생토록 가족이 음식을 나눠 먹는다. 아무리 가정불화가 심한 집안이라도 가족끼리 음식값을 청구하는 일은 없다.

둘째, 인간은 비친족 간 음식 공여를 하는 독특한 종이다. 불안정한 식량 공급이 시차를 둔 호혜적 교환을 통해 안정화되었다. 특히 고기를 잘 나눠 먹었다. 고기는 쉽게 상하기 때문이다. 독점하는 것보다는 동료와 나누는 편이 유리하다. 동료의 몸으로 녹아 들어간 고기의 에너지는 며칠 후 동료가 사냥한 고기를 통해서 다시 돌아올 것이다.

셋째, 인간은 요리하는 동물이다. 다양한 조리 방법을 통해서 날로는 먹기 어려운 식량을 가공했다. 굽고 찌고 발효해서 전반적인 에너지 흡수율도 높였다. 게다가 더 중요한 특징이 있다. 맛없는 재료, 심지어 약간 상한 재료도 훌륭한 요리사를 만나면 먹음직하게 변한다. 동서양의 수많은 발효 음식은 썩은 재료를 어떻게든 활용해 보려는 원시 셰프의 위대한 시도가 일군 성과다.

넷째, 인간은 잡식성이다. 다양한 사냥 및 채집 도구, 광대한 영역에 관한 지리적 탐색 능력, 식량 자원의 분포에 관한 지식 습득과 전달 능력 등을 통해서 정말 아무거나 다 먹을 수 있게 되었다. 최근의 일이 아니다. 호미닌 화석에서 탄소동위원소($^{13}C/^{12}C$) 비율을 조사해보면 당시 식단을 추정할 수 있는데, 오스트랄로피테쿠스 아프리카누스*Australopithecus africanus* 및 호모 에르가스테르*Homo ergaster* 때부터 잡식성이었다. 현대인보다 고기 식단이 좀 적었지만 말이다. 이를 뇌 용적 증가에 관한 '잡식 가설'이라고 한다. 우리는 수백만 년 전부터 뷔페를 좋아했다.

인간의 뇌 그리고 인지 능력이 오로지 식량 획득 및 가공 때문에 진화한 것은 아니다. 하지만 독특한 인간성의 적지 않은 지분은 바로 음식이 차지하고 있다. 그래서 우리는 사랑에 '굶주리고' 행복에 '목말라'하며 권력을 '맛본다'. 비참하게 죽더라도 내세에는 '젖과 꿀'이 흐르는 땅을 갈망한다. 죽은 이를 위해 명절마다 음식을 한 가득 바친다. 심지어 주인 없는 고양이가 배고플까 염려하며 길바닥에 음식을 내놓는 존재가 인간이다(고양이보다는 쥐가 더 신날 테지만).

만약 인간성 자체를 유튜브 채널로 만든다면 아마 온통 '쿡방'과 '먹방'일 테다. 우리는 먹으려고 산다.

'무슨 말을 하여야 그 여자를 위로할 수 있을까?'

(중략)

속으로 이제 까마귀를 한 마리 잡으리라 하였다. 그 배를 갈라서 그 속에는 다른 새나 조금도 다를 것이 없는 내장뿐인 것을 보여주리라. 그래서 그 상식을 잃은 여자의 까마귀에 대한 공포심을 근절시키고 그래서 죽음에 대한 공포심까지도 좀 덜게 해주리라 마음먹었다.

(중략)

그리고 어서 그 아가씨가 나타나면 곧 훌륭한 외과의처럼 그 검은 시체를 해부하여 까마귀의 뱃속에도 다른 날짐승과 똑같이 단순한 조류의 내장이 있을 뿐 결코 그런 무슨 부적이거나 칼이거나 푸른 불이 들어 있지 않다는 것을 증명하리라 하였다.

(중략)

그 아가씨는 나타나지 않았다.

　　　　　　　　　　　　　－ 이태준,《가마귀》중에서

뷔페에 왜 고사리나물이 있을까

　주인공은 폐병에 걸린 아름다운 여인을 위로하기 위해서 까마귀를 해부하고 내장을 보여주기로 마음먹었다. 병을 앓는 여자는 까마귀의 속에 별별 귀신딱지가 다 있을 것 같아 무섭다고 했기 때문이었다. 활을 쏘아 까마귀를 잡았다. 하지만 뜻을 이루지 못했다. 여인은 까마귀의 속을 보지 못하고 죽었다.

동물은 먹지 않으면 살 수 없다. 식물이 아니니 양분을 스스로 만들어낼 도리가 없다. 그래서 동물의 일상은 온통 먹잇감을 찾고 쫓는 일로 가득 차 있다. 마음도 온통 음식에 관한 생각뿐이다.

《성경》에서는 "무엇을 먹을까, 무엇을 마실까 염려하지 말라"라고 하는데 아마 서기 0년의 유대인도 늘 먹는 일을 염려했었나 보다. 2000년이 지난 지금의 우리도 물론 마찬가지이지만.

까마귀도 그렇다. 작은 새도 먹고, 달팽이나 지렁이도 먹고, 씨앗도 먹는다. 달걀도 좋아하고 개구리나 쥐도 잡아먹고 해산물도 즐긴다. 시체의 고기도 역시 사양하지 않는다. 까마귀를 잡아 내장을 열어보면 확실하게 알 수 있다. 여인의 걱정처럼 귀신이 있는 것이 아니다. 그러나 까마귀는 분명히 '귀신'처럼 독특한 면이 있다. 바로 도구를 가공하여 사용하는 능력이다.

2000년 《윌슨 회보The Wilson Bulletin》에 흥미로운 논문이 하나 실렸다. 진화생물학자 에드워드 윌슨Edward Wilson이 먼저 떠오르는 독자도 있겠지만 조류학자 알렉산더 윌슨Alexander Wilson의 이름을 딴 저널이다. 아무튼 이 논문은 겨우 한 페이지 정도의 짧은 논문인데 대충 내용은 다음과 같다.

나는 오클라호마에서 까마귀를 관찰하고 있었다. 까마귀 한 마리가 긴 나무 담장을 따라 걷고 있었다. 부리로 담장에 난 구멍을 탐지하려 했지만 구멍은 너무 작았다. 까마귀는 구멍 위의 나무를 쪼아서 삼각형의 조각으로 뜯어냈다. 그리고 바닥에 나뭇조각을 놓은 후 끝을 가늘게 만들기 위해 두들겨댔다. 나뭇조각의 넓은 쪽을 물고는 좁은 쪽을 구멍에 넣고 쑤셔댔다. (중략) (까마귀가 날아간 후) 나는 구멍을 들여다보았다. 안에 거미줄이 조금 보였다. (중략) 며칠 후 나는 그곳에 다시 가보았고 커다란 거미가 구멍을 나와 다른 곳으로 사라지는 걸 목격했다.

논문은 이렇게 끝난다. 그리고 반 페이지에 걸쳐서 나뭇조각 사진을 실었다. 정말 멋진 논문이다!

까마귀는 정말 다양한 음식을 먹을 뿐 아니라 창의적인 방법으로 먹잇감을 찾아낸다. 어떤 미국 까마귀는 껍질이 단단한 홍합이나 고둥을 찾으면 일단 물고 하늘 높이 올라가서 콘크리트 바닥으로 떨어뜨린다. 이어 홍합이 깨지면 맛있게 먹는다.

에이, 대충 마구잡이로 집어 던진 건 아닐까? 생물학자 레토 재크Reto Zach는 궁금했다. 고둥을 깨 먹는 까마귀를 면밀하게 관찰했다. 녀석은 언제나 큰 고둥을 집어 대략 5미터 높이에서 떨어트렸다. 고둥이 깨질 때까지 같은 행동을 반복했다. 도대체 왜? 재크는 직접 고둥을 떨어뜨려 보았다. 높은 곳에서 떨어트릴수록 고둥은 잘 깨졌다. 하지만 5미터부터는 높이가 높아져도 고둥이 더 잘 깨지지 않았다. 5미터 높이에서 고둥은 대개 네 번 안에 깨졌다. 총자원 획득량은 큰 고둥일수록 커졌다. 작은 고둥은 좀처럼 깨지지 않았기 때문이다. 그러니 까마귀는 최적의 크기인 고둥만 골라 최적의 높이에서 떨어트리는 것이다. 네 번 안에는 무조건 깨진다는 걸 알고 있었다. 귀신 같은 녀석이다.

먹잇감 선택은 투자 자원 대 획득 자원의 상대값으로 정해지는 경제적 선택이다. 일반적으로 먹잇감이 고갈되면 유기체는 두 가지 전략 중 하나를 선택한다. 다른 것을 먹을 것인가, 더 열심히 먹잇감을 찾을 것인가? 전통적인 식단폭 모델에 의하면 수렵채집인은 상위 자원이 고갈된 후에야 하위 자원을 획득한다. 여기서 상위 자원이란 식량 탐색 및 가공 비용 대비 칼로리가 높은 자원을 말한다. 쉽게 구할 수 있는 양질의 자원이 있다면 굳이 어렵게 저질 자원을 찾을 이유가 없다.

아메리카 원주민이 '대지 어머니'를 위해서 꼭 필요한 만큼만 사냥하고 채집한다는 미신이 있다. 새끼는 잡지 않고 열매도 전부 따지 않는다. 환경을 보존하여 지속 가능한 생태계를 지향한다는 믿음이다. 생태주의 프로파간다로는 제격이지만 사실이 아니다. 특정 자원의 분포량이 줄어들면 점점 탐색 비용이 늘어난다. 하위 자원의 수렵채집 총수익률이 현재 탐색 중인 상위 자원의 수렵채집 총수익률을 초과하는 순간 다음 식단으로 넘어간다. 지구를 위해서 식욕을 꾹 참는 것이 아니다. 다른 먹거리를 찾는 게 더 이익이라 그렇다.

마찬가지다. 까마귀가 작은 고둥을 무시하는 건 비용 대비 이익이 상대적으로 적기 때문이다. 해변 생태계를 유지하려는 숭고한 마음은 까마귀 내장을 아무리 해부해도 나오지 않는다. 큰 고둥을 다 먹으면 작은 고둥을 먹기 시작한다. 같은 이유로 나는 캐비어를 즐겨 먹지 않는다. 철갑상어를 보호하려는 것이 아니라 내 형편으로는 캐비어의 비용 대비 이익이 너무 적기 때문이다. 차라리 뜨끈한 국밥을 먹지.

그러나 인간은 까마귀처럼 도구를 사용하여 식량 획득 확률을 높였다. 그 덕분에 아주 다양한 식량 자원을 활용할 수 있었다. 자발적인 선택이라기보다는 불가피한 선택이었다. 뷔페의 스테이크 코너는 항상 대기 줄이 길다. 하지만 임계점을 넘는 순간 우리는 대안 메뉴를 선택한다. 거기도 줄이 길다면? 그보다 하위 메뉴로 선택을 바꾼다. 결국 접시에 고사리나물을 담는 자신을 발견할 것이다. 인간이 놀라운 수준의 잡식성을 가지게 된 이유 중 하나다.

배가 고팠다. 그는 또 어느 학자의 수면 습관설이 생각났다. 사람이 밤새도록 그 여러 시간을 자는 것은 불을 발명하기 전에 할 일이 없어 자기만 한 것이 습관으로 전해진 것뿐이요, 꼭 그렇게 여러 시간을 자야만 될 이유는 없다는 것이다. 그는 이 수면 습관설과 관련하여 식욕이란 것도 그런 것으로 믿어 보고 싶었다. 사람은 하루 꼭꼭 세 번씩 으레 먹어야 될 것처럼 충실히 먹는 것도 그렇게 많이 먹어야만 되게 되어서가 아니라, 애초에는 수효 적은 사람들이 넓은 자연 속에서 먹을 것이 쉽사리 손에 들어오니까 먹기만 하던 것이 습관으로 전해진 것뿐이요, 꼭 그렇게 세 끼씩이나 계획적으로 먹어야만 될 리는 없을 것 같았다. 그런데 사람이 잠을 자기 위해서는 그처럼 큰 부담이 있는 것은 아니나 먹기 위해서는, 하루 세 번씩 먹는 그 습관을 지키기 위해서는 얼마나 큰, 얼마나 큰 부담이 있는 것인가. 그러기에 살려고 먹는 것이 아니라 먹으려고 산다는 말까지 생긴 것이 아닌가 생각되었다.

— 이태준, 《가마귀》 중에서

사상 최대의 고민, 뭐 먹을까?

식단폭 모델은 아주 유용하다. 상위 자원이 풍부하면 하위 자원
은 식단에 포함되지 않는다. 그러니 어떤 음식을 먹느냐 마느냐의
문제로 괜한 논쟁을 벌일 이유가 없다. 한국인은 오래전부터 개를
먹었는데 소고기가 흔하면 왜 개고기를 먹었겠는가? 통통한 새우를
쉽게 구할 수 있다면 번데기를 먹었을 리 없다. 물론 음식 문화는 긴
꼬리를 남기는 혜성처럼 오래도록 그 잔재를 남기지만 결국 생태적
환경에 맞도록 바뀔 것이다. 아무래도 개고기 식용이 꺼려진다면 개
고기를 금지할 것이 아니다. 가격을 올리면 된다.

소설 《가마귀》의 주인공은 풍족한 환경에서 먹을 것이 넘치므
로 늘 먹는 것만 생각하게 되었다고 했지만 정반대다. 척박한 환경
에서는 먹을 것이 부족하다. 그러니 먹는 생각이 머리를 떠나지 않
는 것이다. 주인공도 배가 고프니 저런 생각을 하는 것 아닌가? 이
성에 관한 생각은 솔로가 제일 많이 하고 돈에 관한 생각은 가난뱅
이가 제일 많이 한다. 음식도 마찬가지다.

그런데 식단폭 모델의 중요한 단점이 있다. 너무 칼로리 중심이
다. 탐색과 가공에 필요한 시간과 노력을 칼로리로 환산하고 획득한
식량의 가치도 칼로리로 환산한다. 단지 식단폭 모델만 적용한다면
당장 백설탕을 포대 단위로 사서 먹어야 할 것이다. 쿠팡 최저가 기
준으로 백설탕 15킬로그램에 1만 7630원이다. 무려 5만 8000킬로
칼로리다. 여성 한 명이 한 달 동안 소비하는 칼로리다.

사람은 다섯 가지 종류의 영양소가 모두 필요하다. 탄수화물, 지

방, 단백질, 미네랄, 비타민이다. 진부한 이야기이지만 골고루 먹어야 건강해진다. 그런데 자연의 세계에는 모든 영양소가 균등하게 분포하지 않는다. 보통 채소는 넘치고, 고기는 부족하고, 기름은 귀하다. 그래서 주호안시족에게는 "채소는 필요한 만큼만 먹고 고기는 양껏 먹는다"라는 말이 있다(나도 회식을 할 때는 늘 이 원칙을 지키고 있다).

고기는 단백질이 많을 뿐 아니라 우리 몸에서 합성할 수 없는 9개 필수 아미노산을 가지고 있다. 고기에 들어 있는 지방은 리놀렌산의 원천이며 지용성 비타민 대사에 중요한 역할을 한다. 까마귀는 거미를 먹으려고 도구를 가공했지만 인류는 고기를 먹으려고 도구를 만들었다. 초기의 석기는 뼈에서 고기를 떼어내고 뼈를 부수어 골수를 뽑으려는 목적으로 만들어졌다. 플라이스토세 내내 지구는 점점 추워졌고 우리는 점점 더 고기를 많이 먹게 되었다. 인간은 어떤 의미에서 필연적으로 육식동물이 될 수밖에 없었다. 종합 영양제를 발명하기 전까지 일부 영양소는 오로지 고기를 통해서만 얻을 수 있었기 때문이다. 현생 수렵채집인의 민족지 자료에 의하면 전체 칼로리의 73퍼센트를 동물성 식량에서 획득했다. 따라서 다양한 식량 채집 관련 행동 전략이 나타났다. 보통은 고기가 귀하므로 고기를 얻는 데 더 많은 자원을 사용한다. 그러나 반대의 경우도 있다. 사냥 위주로 살아가는 수렵채집인은 종종 주변의 원시 농경 부족과 식량을 교환한다. 고기를 주고 곡식과 맞바꾸는 것이다. 음식이 가진 자원 가치는 상대적이다.

먹이의 칼로리와 획득 가능성, 지리적 분포, 각 영양소의 상대적 필요성, 그리고 이러한 조건의 시간적 변동성 등이 어우러지면 아주 현란한 양상으로 나타난다. 인류의 머릿속은 '무엇을 먹을까? 무엇을 마실까?'하는 염려로 가득했다. 그 염려 덕분에 지금까지 살아남을 수 있었다.

구석기 패밀리 레스토랑

여성은 남성보다 필요 칼로리가 적지만(체구가 작고, 기초대사량도 낮다) 임신과 수유 중에는 반대다. 임신 중에는 기초대사량이 약 두 배로 뛰어오른다. 수유 중에는 임신 때보다 약 두 배의 칼로리가 더 필요하다. 하지만 몸이 무거운 임산부, 젖을 물린 수유부로서는 충분한 식량을 구할 수 없다. 늘 배가 고프다.

'재태 및 성장 에너지학 가설'에 의하면 출산은 태아에게 필요한 에너지량을 어머니가 감당할 수 없는 시점에 일어난다. 배고픈 태아가 먹을 것을 찾아 세상으로 나오는 것이다. 이제부터는 탯줄이 아니라 어머니의 젖 그리고 손(이유식)을 통해 영양 공급이 이루어진다.

인류의 빠른 출산, 장기간의 수유, 이유식의 발달, 아내에 대한 남편의 막대한 식량 공급(특히 고기), 임산부에 대한 친족 집단의 연합 식량 공여, 심지어 현대 사회의 출산 양육 수당에 이르기까지 다양한 현상이 바로 '엄마와 아기의 배고픔'에서 시작했다. 185개 전통 사회의 성별에 따른 노동 분업을 살펴보면 큰 육상동물 및 해양동물의 사냥은 거의 전적으로 남성이 전담했다. 반대로 채소는 여성이 주로 전담하여 채집했다. 하지만 식물성 식량은 칼로리가 충분하지 않다. 수렵채집 사회의 싱글맘과 아기는 굶주릴 수밖에 없다(사실 현대 사회도 그렇다). 양질의 고기는 임신과 수유, 그리고 이유離乳를 위해 꼭 필요하다.

첫 영구 어금니는 여섯 살에 나는데 출산 터울은 이보다 짧다. 대략 생후 3년이 되면 어머니는 다음 임신에 돌입한다. 다른 영장류는 다르다. 어금니가 영구치로 바뀔 무렵 일반적인 영장류 새끼는 스스로 찾아 먹기 시작한다. 단단한 음식도 씹을 수 있는 제대로 된 치아가 나는 시점이다. 그러나 인간에게 세 살은 스스로 음식을 찾아 먹기에 너무 어리다. 튼튼한 이빨도 없다. 어떻게 인간은 느린 발달과 짧은 출산 터울이라는 현상이 같이 나타날 수 있었을까?

어머니 역할을 나눠서 맡아줄 사람이 있었기 때문이다. 이른바 '공용 에너지 예산 가설'이다. 번식을 위해 친족 공동체가 자원을 공동으로 활용하는 것이다. 집단의 자원을 모아서 엄마와 아기에게 제공한다. 어떤 의미에서 가장 좋은 엄마는 홀로 빼어난 육아 능력을 가진 엄마가 아니다. 아빠, 이모, 고모, 할머니, 할아버지, 심지어 이웃 아주머니 등 보조적인 '엄마'를 아기에게 풍족하게 제공해줄 수 있는 엄마다.

패밀리 레스토랑은 1990년대 무렵부터 생겨났지만 원래부터 인류는 '패밀리' 단위로 음식을 나눠 먹었다. 엄마와 아빠, 아이는 서로 필요한 자원의 종류와 양이 다르다. 임산부나 수유부라면 더욱 그렇다. 그러니 패밀리 레스토랑에서 온 가족 메뉴를 하나로 통일하긴 어렵다. 패밀리 레스토랑의 메뉴판이 점점 두꺼워지는 이유다. 혹시 단품 메뉴로 승부하려는 패밀리 레스토랑을 준비하고 있다면 다시 생각해보자.

만찬이 끝난 신석기인의 비극

다양한 도구를 사용한 수렵과 약취, 채집, 다양한 식단과 다양한 음식 가공, 장기간의 성 간 자원 공급, 집단적 식량 자원 공유 등의 여러 현상은 수백만 년간 인류의 진화를 이끈 원동력 중 하나다. 까마귀처럼 인간도 도구를 만들어 쓰고 음식도 가공해 먹게 된 이유다. 심지어 까마귀는 원시적인 언어를 사용하는데 알다시피 인간도 언어를 사용한다. 최초의 언어는 친족 중심으로 나타났는데 분명히 가족의 식사 시간을 더 즐겁게 해주었을 것이다.

그런데 신석기 이후 사정이 달라졌다. 영양실조에 걸린 화석은 신석기 이후부터 나타난다. 주기적인 기아가 벌어졌다. 단순해진 식단의 대가다. 수렵채집인 아체족은 21종의 파충류와 양서류, 78종의 포유류, 150종의 조류, 수많은 종류의 식물성 음식을 먹는다. 구석기 인류도 종종 배가 고팠겠지만 다른 식량을 찾으면 그만이었다. 구하기가 더 어렵고 맛은 덜하지만 그래도 굶지는 않는다. 그러나 신석기 인류는 아니었다. 일부 곡류, 가축, 채소에 과도하게 의존했다. 기근이 오면 꼼짝없이 굶어 죽었다.

그뿐 아니다. 인구밀도 증가 및 정주 생활 등은 주기적인 전염병을 불렀다. 그러나 별수 없었다. 밀이나 쌀이 나는 곳은 정해져 있었다. 그러니 전염병이 창궐해도 마을을 떠날 수 없었다. 역병을 피하겠다고 굶어 죽을 수는 없지 않은가(코로나19 팬데믹 상황도 똑같다). 주기적으로 떼죽음을 당했고 그때마다 까마귀는 만찬을 즐겼다. 까마귀의 울음이 기분 나쁜 이유는 한때 까마귀처럼 무엇이든 먹고,

자유롭게 이동하며, 풍족하게 살아가던 과거를 회상하게 만들기 때문일까?

"우리 정자루 늘 오던 색시가 갔답니다."

"......"

그는 고요히 영구차를 향하여 모자를 벗었다.

(중략)

까마귀들은 이날 저녁에도 별다른 소리는 없이 그저 까악—까악—거 리다가 이따금씩 까르르—하고 그 GA아래 R이 한없이 붙은 발음을 내곤 하였다.

- 이태준, 《가마귀》중에서

8

우리 안의 방랑자

두발걷기와 이주 본능

카스파르 프리드리히Caspar David Friedrich, 〈안개 바다 위의 방랑자Wanderer above the Sea of Fog〉(1818년), 함부르크 미술관.

산 너머 저쪽 하늘 멀리

행복이 산다고들 하기에

아아, 나도 남들과 함께 찾아갔더니

눈물만 머금고 돌아왔네.

산 너머 저쪽 더욱더 멀리

행복은 있다고 말은 하건만.

- 카를 부세,《저 산 너머》

인간은 참 돌아다니기 좋아하는 종이다. 물론 두 발로 돌아다닌다. 인간 외에 어떤 영장류도 두 발로 걷지 않는다. 잠시 두 발로 걸을 수야 있겠지만 곧 지친다. 인간은 반대다. 네 발로 걸으면 오히려 지친다. 두 발을 사용해서 분주히 돌아다니는 종이 바로 인간이다.

두발걷기라는 놀라움

'두발걷기'처럼 논란이 분분한 인류학 이슈도 드물다. 근연종과 인류를 구분해주는 최초의 변화이자 가장 분명한 형질이다. 그러나 아직도 왜 인간이 두 발로 걷기 시작했는지 잘 모른다. 몇 가지 재미있는 가설을 들어보자.

먼저 두 팔에 주목한 가설이다. 찰스 다윈은 도구를 사용하기 위해서 두발걷기가 진화했다고 주장했다. 팔을 자유롭게 쓰려고 두 발로 걸었다는 것이다. 그러나 석기 발명 시기와 두발걷기의 진화 시기에는 수백만 년의 차이가 있다. 두 팔로 돌을 던지기 위해서라는 주장도 있다. 그러나 투석을 정확히 하려면 먼저 뇌부터 발달해야 한다. 역시 대뇌화와 두발걷기의 진화 시기에는 수백만 년의 간격이 있다.

생태적 환경에 주목한 가설도 있다. 더위, 포식자, 물 등이다. 최근 인기를 끌고 있는 주장으로 '체온 조절 가설'을 들어본 적 있을 것이다. 네 발로 걸을 때보다 두 발로 걸으면 햇볕을 피하기 쉽다는 주장이다. 그러나 숲속에 살던 아르디피테쿠스 라미두스*Ardipithecus ramidus*도 두발걷기를 한 것으로 보인다. 산을 좋아하는 독자는 잘 알겠지만 숲은 그늘이 많아 시원하다. 체온을 지키는 것이 더 중요할 정도다.

꼿꼿이 서서 먼 곳의 포식자를 경계한다는 이른바 '직립 탐색 가설'도 있다. 실제로 오랑우탄은 종종 나무에 팔을 걸치고 먼 곳을 주시한다. 그러나 오랑우탄이 인간과 갈라진 지가 무려 1200~1500만 년이다. 물에 살다보니 직립하게 되었다는 주장도 있다. '수생 유인원 가설' 혹은 '양서류 만능 가설'이다. 양서류 만능 가설이란 이름은 내가 고안한 번역어다. 개구리처럼 물과 땅을 오가면서 점차 직립하게 되었다는 아이디어로 수많은 인간의 형질을 만능으로 설명해준다. 그러나 "하마나 수달은 왜?"라는 질문에 답을 하기 어렵다.

조금 더 진지한 두 가설을 들어보자. 첫째, '물건 운반 가설'이다. 1978년 고인류학자 메리 리키Mary Leakey는 탄자니아 라에톨리 지역에서 긴 발자국 화석을 발견했다. 발뒤꿈치 부분이 움푹 패었고 엄지발가락이 내측으로 향해 있었다. 긴 아치 모양의 발바닥이었다. 현생 인류의 발자국과 흡사했다. 그런데 흥미롭게도 발바닥의 외측면 부분이 두드러지게 패어 있었다. 인류학자 페터 슈미트Peter Schmid는 어린이의 발자국 모양과 오스트랄로피테신의 발자국을 비교했다. 어린이의 발걸음은 어른과 다르다. 팔과 상체를 흔들며 걷지 않는다. 자연스럽게 발바닥 외측에 더 많은 압력이 가해진다. 오스트랄로피테신의 체구는 호모 사피엔스의 어린이와 비슷하다. 체구가 큰 어른이라고 해도 물건을 양팔에 들고 걸으면 역시 발바닥 외측에 체중이 더 많이 실린다. 상체를 흔들 수 없기 때문이다.

운반 가설은 두 가지 '물건'을 가정한다. 아기 혹은 채집한 식량이다. 그런데 아기 운반은 포대기가 먼저 발명되어야 가능한 설명이다. 설득력이 약하다. 게다가 개코원숭이는 두 발로 걷지 않아도 새끼를 잘 운반한다. 그렇다면 두발걷기의 원래 목적은 채집한 식량을 옮기려는 것이었을까? 둘째, '본투런born to run 가설'이다. 달리기를 하기 위해 두 발로 섰다는 것이다. 채집한 식량을 운반하는 여성에 대비하여 창을 들고 사냥에 나선 남성이 연상된다. 그러나 초기 인류의 사냥 실력은 그리 인상적이지 않았다. 아마 빈약한 수렵채집 능력을 보상하기 위해 탐색 범위를 넓히려는 목적이었을 것이다.

아무튼 물건 운반 가설과 달리기 가설은 모두 식량 획득이라는 강력한 생태학적 선택압을 가정한다. 아마도 초기 인류는 배가 고플 때마다, '저 산 너머' 무리 지어 떠나곤 했을 것이다. 물론 음식과 행복을 찾지 못한 채 눈물만 머금고 되돌아오는 일이 잦았을 테다. 하지만 허탕에도 굴하지 않고 인류는 '저 산 너머 더욱더 멀리' 떠나곤 했다.

새들은 어디로 사라지는가?

가을이 되면 흰이마딱새는 유럽울새로 둔갑한다. 겨울이 되면 제비
는 진흙 속으로 들어가 동면한다.
—아리스토텔레스,《동물지》중에서

겨울을 날아 폭우를 지나
세상 끝으로 날아가
피그미에게 죽음과 파멸을 준다네.
치열한 새벽 전투를 벌이며.
—호메로스,《일리아스》중에서

두발걷기를 둘러싼 기상천외한 가설들. 여기서 소개는 안 했지만 '과일따기 가설'이나 '견과류 가공 가설'도 있다. 그런데 겨울철만 되면 새가 사라지는 현상에 대해서도 이에 못지 않게 흥미진진

한 가설이 난무했다.

어느 가을 아침이었다. 아리스토텔레스는 흰이마딱새가 사라지고 비슷한 수의 유럽울새가 나타난 것을 보았다. 딱새가 울새로 둔갑했다고 믿었다. 겨울에 제비가 사라지자 호수 밑으로 들어가 동면한다고 생각하기도 했다. 위대한 현자치고는 너무 동심 어린 가설이다.

물론 우리의 아리스토텔레스가 그렇게 바보였을리 없다. 《동물지》에 등장하는 에리타코이erithakoi와 포이니쿠로이phoinikuroi는 정확하게 어떤 새를 말하는 것인지 불확실하다. 같은 종의 새를 달리 부른 것일 수도 있다. 게다가 사실 아리스토텔레스는 제비가 호수의 진흙 속에서 동면한다고 한 적이 없다. 어떤 털 빠진 제비가 구멍 속에 있는 것을 본 적이 있다고 했을 뿐이다.

아무튼 중세 유럽인은 아리스토텔레스의 명성을 빌어 겨울철에 딱새와 제비가 사라지는 이유를 '멋지게' 설명했다. 심지어 칼 린네도 그렇게 믿었다. 그럴 수밖에 없었다. '둔갑 가설' 혹은 '동면 가설'은 눈에 보이는 자연 현상과 정확하게 일치했다. 아마 이 글을 읽는 독자도 중세 유럽에 살았다면 위대한 아리스토텔레스의 설명을 의심할 수 없었을 것이다. 권위 있고 간결하고 직관적이다. 그런데 당신은 겨울마다 지중해와 사하라 사막을 넘어 아프리카로 흰이마딱새가 날아간다는 새로운 가설을 주장할 수 있을까? 근거도 없고 증명도 어렵다. 작은 새가 바다와 대륙을 종단한다니 도무지 있을 법한 일이 아니다. 오래도록 아리스토텔레스의 주장은 학계의 정설이었다.

16세기 스웨덴의 대주교 올라우스 마그누스Olaus Magnus의 책 《북쪽 사람의 자연과 역사History and Nature of the Northern Peoples》에는

어부가 호수에서 제비를 그물로 끌어올리는 삽화가 있다. 신참 어부는 제비를 되살리려고 애를 쓰지만 대개 실패한다. 경험 많은 어부는 헛된 노력을 하지 않고 그냥 제비의 명복을 빌어준다는 것이다.

두루미는 북유럽과 아시아 등지에서 서식하며 매년 남부로 이주한다. 유럽의 두루미는 터키나 이라크, 심지어 수단이나 에티오피아까지 날아간다. 아시아에서는 시베리아나 만주에 살다가 겨울마다 중국, 한반도, 일본 등으로 내려온다. 두루미는 둔갑하거나 동면하는 것 같지 않다. 고대의 인류는 정말 '신박한' 가설을 제안했다. 매년 지구 끝으로 가서 피그미족과 전쟁을 하고 돌아온다는 것이다. 호메로스의 《일리아스》 제3권에 등장하는 이야기다.

로마의 군인이자 박물학자 가이우스 플리니우스 세쿤두스Gaius Plinius Secundus는 《박물지Naturalis Historia》에서 두루미-피그미 전쟁 가설을 더 확고하게 정립했다. 피그미족은 염소와 양 위에 올라타서 화살을 쏘며 두루미와 전쟁을 벌인다. 일 년 중 3개월은 두루미 알과 새끼를 잡아먹는다. 만약 알을 충분히 먹어 치우지 않는다면 두루미 수가 너무 많아져서 결국 전쟁에서 패배할 것이라고 했다.

아무튼 이러한 흥미진진한 가설 속에서 철새 이주 가설은 빛을 보지 못했다. 그러나 상황이 반전되었다. 새 다리에 표식을 달아서 추적해본 것이다. 수많은 아마추어 탐조인의 도움이 컸다. 사실 새의 이주는 눈으로 확인하기 어렵다. 단체로 이동하는 새는 의외로 드물다. 소규모로 이동하거나 단독 이동하는 새가 많고 종종 야간에 비행하기 때문에 알아차리기 어렵다. 밤에는 포식자가 드물고 낮에는 이동보다는 먹이 취득 활동을 해야 하기 때문이다. 철새의 이주 현상은 비교적 최근에 밝혀진 사실이다.

그런데 철새는 도대체 왜 이주하는 것일까? 전쟁을 하기 위해 떠나는 것은 아닌 것 같은데 말이다.

그대는 왜 떠나는가

수렵채집인은 지속적으로 수익이 감소하는 절박함에 큰 곤란을 겪는다. 처음의 성공은 기껏해야 나중에 애를 써도 수익이 줄어들 것을 의미하는 것에 불과하다. 편리한 거리에 있는 식량 자원은 곧 줄어든다. 수렵채집인은 비용의 증가 혹은 수익의 감소를 견디며 머무를 수도 있다. 점점 더 먼 곳까지 가야 하므로 비용은 늘어난다. 가까운 곳은 질 낮은 식량만 남아 있으므로 수익이 감소한다.
물론 해결책은 다른 곳으로 떠나는 것이다.

-마셜 살린스, 《석기 시대의 경제》(1972년) 중에서

겨울마다 이동한다니 왠지 따뜻한 곳을 찾아 떠나는 것 같다. 그러나 새는 추위에 강하다. 엄청난 한파가 아니라면 제법 잘 견딘다.

그들에게 겨울은 '추워서' 추운 것이 아니라 '배고파서' 추운 것이다. 그래서 먹이가 풍부하면 철새의 정체성을 헌신짝처럼 내던지고 그냥 텃새처럼 정착해 버리는 경우도 있다. 겨울철에 굶주린 새를 위해 모이통을 여기저기 놔두는 경우가 있다. 뜻은 기특하지만 생태계에 미칠 영향을 잘 따져봐야 한다. 강남으로 떠나지 않는 제

비가 늘고 있다. 괜히 철새의 자연스러운 이동을 중단시킬지도 모른다. 인간이 놔주는 모이통이 없이도 새들은 1억 년 넘게 잘 살았다. 인간은커녕 포유류도 없던 시절부터 말이다.

아마 최초의 이주는 그저 먹잇감의 지리적 구배에 따라 오가는 정도였을 것이다. 그러다가 좀 더 과감하게 이주하는 철새가 더 높은 적합도를 누리기 시작했다. 먹이가 분포하는 공간적 양상이 정규분포를 그린다고 가정해보자. 수동적인 이동 전략을 취하는 새는 변두리 지역부터 접근해 나갈 것이다. 그러나 좀 더 적극적인 이동 전략을 취하는 새는 먹이 밀도 지형도의 핵심 지역을 차지할 수 있다. 더 배불리 먹고 알도 많이 낳을 수 있다. 점차 선제적으로 과감한 이주를 택하는 새가 늘어났다. 확실히 호수 진흙에 동면하는 것보다는 유리하다. 어떤 제비는 알래스카에서 남미까지 비행한다. 무려 1만 킬로미터가 넘는 거리다.

철새처럼 인간도 이동을 좋아한다. 그런데 수렵채집인은 제멋대로 이동하는 것이 아니다. 대개 계절에 따라 규칙적으로 이동하는 경향을 보인다. 미국 그레이트베이슨에 사는 쇼쇼니족은 잣나무와 향나무가 있는 마을에서 겨울을 보낸다. 그리고 봄이 오면 계곡을 따라 내려와 구근과 씨앗을 채집한다. 여름에는 강과 습지로 가서 물고기와 물새를 사냥하고 가을에는 다시 산으로 와서 사슴 등을 사냥하고 겨울을 준비한다.

초기 인류의 환경은 유인원의 서식지와 달랐다. 식생도 척박하고 계절적 영향도 많이 받는 곳에서 진화했다. 철새를 나그네새라고 하는데 그렇다면 인간은 나그네 영장류다. 아마 최초의 인류도 식량을 찾아 수동적으로 이동했을 것이다. 그러다가 점점 적극적으로 이동하는 개체가 나타났다. 두발걷기는 아마 그 와중에 점점 강인하게 진화했을 것이다. 철새는 종종 수십 시간 이상 끊임없이 비행할 수 있다. 인간도 매일매일 몇 시간 이상 걸을 수 있다. 심지어 중간 속도로 수 시간 이상 주행이 가능하다(물론 나는 못한다).

이동성은 일차적으로 자원 분포의 시간적 변동에 따라 결정된다. 수렵채집인의 문화적 정체성을 지키려고 공연히 유랑하는 일은 없다. 호주 애버리지니(원주민)는 다른 지역의 수렵채집인과 달리 '복지 국가'에서 살고 있는데 이는 아이러니하게도 오랜 이주의 전통을 잃어버리는 결과를 낳았다. 수렵채집인과 철새의 이동을 추동하는 힘은 주기적인 식량 부족이다. 호주 정부의 복지 혜택은 수만 년의 유랑 문화를 단숨에 중단시켰다. 겨울철 철새를 위한 모이통처럼 분명히 선한 의도에서 시작했지만 그 결과에 모두 동의하는 것은 아니다.

별을 보는 나그네

모든 별은 누군가에게는 태양이다.
- 칼 세이건, 《코스모스》(1980년) 중에서

새들은 도대체 무엇에 의지해서 먼 거리를 이동하는 것일까? 지도도 없고 나침반도 없다. 낮이라면 태양에 의지하면 간단하다. 해

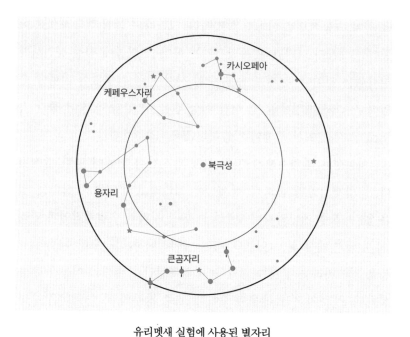

유리멧새 실험에 사용된 별자리

유리멧새는 북극성 주변 35도 반경의 별 패턴을 이용하여 야간에 이주할 수 있다.

는 동쪽에서 떠서 서쪽으로 이동하지만 어쨌든 내내 남쪽에 있다. 남행열차는 태양을 마주하며 달린다. 그런데 밤에는?

1967년 조류학자 스티븐 엠렌Stephen Emlen은 아주 재미있는 실험을 했다. 참새목에 속하는 새는 야간에 주로 이동한다. 엠렌은 유리멧새를 잡아서 우리에 넣고 바닥에 잉크를 발랐다. 그리고 우리 위에 진짜 별자리와 가짜 별자리를 보여주었다.

정교한 실험을 위해서 천문대에 있는 인공 밤하늘, 플라네타리움을 동원했다. 잉크에 찍힌 발자국으로 이동 방향을 확인했다. 결과는 예상대로였다. 유리멧새는 북극성을 바라보며 비행을 시도했다. 별을 몇 개 지워도 상관없었다. 단 하나의 별이 아니라 주변 별 자리 전체의 패턴을 알고 있는 듯했다.

물론 별을 보고 이주한다고 해서 별나라에 가려는 것은 아니다. 유리멧새가 원하는 것은 먹이다. 그리고 먹이를 만들어내는 에너지의 원천은 바로 태양이다. 1960년 기후학자 해리 베일리Harry Bailey 는 '실효 온도effective temperature, ET'라는 개념을 제안했다. 일사량의 연중 분포와 집중도를 함께 고려한 것이다. 이는 다음과 같이 계산할 수 있다.

$$ET = (18W - 10C)/((W - C) + 8)$$

여기서 W는 가장 더운 달의 평균 기온이고 C는 가장 추운 달의 평균 기온이다. 예를 들어 ET가 높다면 전반적으로 더운 날씨다. 특히 식물이 연중 긴 기간 동안 자랄 수 있는 기후다. 반대로 ET 가 낮으면 여름이 선선하고 짧다. 식물은 오래도록 자라지 못한다.

그런데 일차 생물량은 역설적으로 식량 사정과 반비례한다. 열대림은 식량이 아주 빈약하지는 않지만 그렇다고 풍족하지도 않다. 연중 생장이 가능한 환경이라면 식물은 에너지를 축적하지 않고 바로 번식에 써버린다. 게다가 열대 지방은 동물 자원도 빈약하다. 밀림에서는 나무 위에서 살아야 하므로 체구가 작아진다. 결과적으로 일차 생물량이 낮다. 열대 지방의 수렵채집인이 끊임없이 이동하는 이유다. ET가 21~26에 해당하는 열대 지방 수렵채집인의 절반은 완전 유랑형 이동 경향을 보인다. 그러면 극지의 수렵채집인은 어떨까? 반직관적이지만 열대 지방과 비슷하다. 중요한 것은 온도 자체가 아니라 일차 생물량이기 때문이다. 극지도 자원이 희박하다. 계속 이동해야 한다. 그러나 온대 지방은 사뭇 다르다. 이동의 빈도가 낮다. 텐트는 가끔씩 철거한다. 종종 일시적으로 머물러 살기도 한다.

그러나 이동 빈도가 아니라 이동 거리라면 사정이 정반대다. ET가 낮을수록 이동 거리가 점점 늘어난다. 불균등한 자원 분포를 보이기 때문이다. 양호한 서식지 사이에 거대한 황무지가 있다. 그래서 온대 지방 수렵채집인은 열대 지방 수렵채집인보다 훨씬 먼 거리를 이동한다. 자원 사정이 나빠질수록 이동 빈도는 낮아지고 이동 거리는 점점 길어졌다.

임계치 정리에 의하면 현재 패치(구역)에서 머무르는 시간은 다른 패치로 이동하는 데 필요한 시간에 비례한다. 따라서 온대 지방의 수렵채집인은 자원이 고갈될 때까지 견딘 후에야 장거리 이동을 감행할 것이다. 마치 일 년에 한 번 대륙 간 이주를 감행하는 나그네새처럼 말이다. 긴 여행을 위해서는 준비가 필요하다. 초기 인류는 하늘을 쳐다보기 시작했다.

농사에는 해가 가장 중요하다. 양력이다. 바닷가의 어로 활동을 위해서는 달이 중요하다. 음력이다. 그리고 장거리 이동을 위해서는 별이 중요하다. 별자리다. 나그네 인류든 나그네새든 장거리 이주는 목숨을 건 여정이다. 아마도 초기 인류는 별을 보며 이동하고 별을 보며 미래를 점쳤을 것이다. 나그네 인류에게 별은 또 다른 태양이었다.

떠나는 운명, 역마살 유전자

그의 발 앞에는, 물도 함께 갈리어 길도 세 갈래로 나 있었으나 화갯골 쪽엔 처음부터 등을 지고 있었고 동남으로 난 길은 하동, 서남으로 난 길이 구례 (중략) 그의 발은 구례 쪽을 등지고 하동 쪽을 향해 천천히 옮겨졌다.

한 걸음, 한 걸음 발을 옮겨 놓을수록 그의 마음은 한결 가벼워져서 멀리 버드나무 사이에서 그의 뒷모양을 바라보고 서 있을 그의 어머니의 주막이 그의 시야에서 완전히 사라져 갈 무렵이 되어서는 육자배기 가락으로 제법 콧노래까지 흥얼거리며 가고 있는 것이다.

- 김동리, 《역마》(1948년) 중에서 수정 발췌

옥화는 떠돌이 중과 하룻밤 정을 나누고 아들을 낳았다. 하지만 중은 다시는 돌아오지 않았다. 옥화는 평생 외아들을 키우며 늘 노심초사했다. 아버지의 역마살을 닮을까 걱정되었던 것이다. 그런 마음도 모르고 아들은 자꾸 집을 나가 어디론가 떠나기를 바란다. 그러다 아들이 계연이라는 젊은 처자를 만나 사랑에 빠지자 한시름을 놓았다. 둘이 혼인하기를 바랐다. 그런데 이게 어인 운명의 장난일까? 알고 보니 계연은 옥화의 배다른 자매였다. 옥화의 어머니는 남사당패 떠돌이와 하룻밤 정분으로 옥화를 낳았는데 그 아비가 다른 곳에서 낳은 딸이 계연이었다. 이모와 짝이 될 수는 없는 일이다. 낙심한 아들은 엿판을 메고 유랑길에 나선다. 자신의 운명에 순응한 것이다.

이망증이란 철새가 이주 시기에 보이는 불안 행동을 말한다. '이주 불안'이라고도 한다. 새장에 갇힌 철새는 날개를 펄럭이며 불안해한다. 때가 되면 떠나야 하는데 조롱을 열어주지 않으니 답답한 것이다. 철새의 이망증은 쉽게 누그러뜨릴 수 없다. 훈련도 소용없다. 이망증의 유전율은 무려 0.72에 이른다. 타고난 이주 본능, 타고난 역마살驛馬煞이다.

인간도 종종 그렇다. 마치 이망증에 걸린 새처럼 어디론가 떠나고 싶어 안절부절 못하는 사람들이 있다. 케냐 북부에 사는 아리알족은 원래 유목 민족인데 최근 정착해서 살고 있는 주민도 많다. 도파민 수용체와 관련된 DRD4 유전자가 외향성, 유목 생활 등과 관련된다는 기존 연구에 근거해서 가설을 세웠다. 아리알족 남성 중 여전히 유목 생활을 하는 사람과 정착 생활을 하는 사람의 유전자형과 체질량 지수를 조사했다. 결과는 인상적이었다. 유목민 중에서는 DRD4 7R+ 유전형을 가진 사람의 건강 상태가 더 좋았다. 반대로 정착민 중에서는 해당 유전형을 가진 사람의 건강 상태가 더 불량했다. '역마살' 유전자를 가진 사람은 유목 생활을 할 때 더 건강했고 그렇지 않은 사람은 정착 생활을 할 때 더 건강했던 것이다.

새로운 것을 추구하기 좋아하고 종종 충동성을 보이는 유전자는 우리 조상에게 어떤 이득을 제공했을까? 진화적 선도자 모델에 따르면 서식지의 변두리에 사는 종은 서식지 내부에서 완충적 먹이공급이 이루어지는 종에 비해서 더 높은 수준의 장거리 이주를 위한 굴절적응을 보인다. 온대 지방의 삶이 지금보다 더 험난하던 빙하기, 특히 자원 변동성이 높거나 서식지 주변부에 살던 조상은 새로운 지역으로 짧은 탐색에 나서곤 했을 것이다. 긴 이주를 위한 전 적응이다. *DRD4* 유전자의 *7-repeat* 대립유전자는 호모 사피엔스의 긴 다리처럼 점점 길어졌다. 유럽인을 대상을 한 연구에 의하면 약 20퍼센트의 인구가 그런 경향을 보인다.

한 자리에 머물지 못하고 늘 떠나려는 사람이 있다. 모두 그런 것도 항상 그런 것도 아닌데 분명 종종 그렇다. 이러한 외향성 정도 가 사람마다 다른 이유에 대해서 아직 정설은 없지만 일부 학자들 은 플라이스토세와 홀로세의 선택적 일소와 유전자 흐름에 의한 결 과라고 생각한다.

인간은 이동하는 동물이다. 플라이스토세 내내 그랬다. 두발걷 기라는 전대미문의 신체적 형질, 그리고 새로운 곳으로 떠나려는 충 동이라는 독특한 정신적 형질이 진화했다. 수천 년 전부터는 인류 대부분이 정착 생활을 하며 살지만 여전히 충동적인 이망증에 시 달리곤 한다. 문득 하늘의 별을 바라보며 어디론가 떠나야만 할 것 만 같은 갈망, 생전 가보지도 못한 '저 산 너머'에 관한 간절한 향수 를 느끼는 존재가 인간이다. 나그네 인류다. 현대 사회에서 이망증 은 쓸모가 별로 없다. 한곳에 머물러 진득하게 하나만 파는 편이 대 개 유리하다. 먹을 것이 주변에 널렸으니 무리해서 떠날 이유도 없 다. 그러나 만약 당신이 오늘 밤 이주 불안에 시달리며 별을 바라보 고 있다면? 원인은 둘 중 하나다. 엄청난 역마살을 타고 났거나(유 전), 혹은 주변의 자원이 고갈되었거나(환경). 이유야 어쨌든 답은 하 나다. 떠나는 것 외에는 다른 도리가 없다.

그러나 지금 당장 모든 걸 팽개치고 떠나지는 말자. 어디로 가

야할지 그리고 어떻게 갈 수 있는지 확신할 수 있어야 한다. 심지어 멧새도 하늘의 별자리를 읽는다. 태양을 읽는 새도 있고, 자기장을 읽는 새도 있다. 그러고는 가장 최적의 이주 시기를 고르고 또 고른다. 모든 것을 건 모험이니까 말이다.

9

풍요가 만드는 비극

부와 자원 축적의 미스터리

캥탱 마시Quentin Matsys, 〈고리대금업자와 그의 아내The Moneylender and his Wife〉(1514년), 루브르 박물관.

富潤屋 德潤身 (부윤옥 덕윤신)

부는 집을, 덕은 몸을 윤택하게 한다.

-《대학》중에서

덕德: 도덕적, 윤리적 이상을 실현하는 인격적 능력. 공정하게 남을
넓게 이해하고 받아들이는 마음이나 행동. 베풀어준 은혜나 도움.
착한 일을 하여 쌓은 업적과 어진 덕.

부富: 넉넉한 생활. 또는 넉넉한 재산. 특정한 경제 주체가 가지고 있
는 재산의 전체

-《표준국어대사전》

   흔히 덕과 부를 대립하는 개념으로 생각한다. '부유하지만 인정
머리라고는 없는 코제츠. 따뜻한 마음을 지녔지만 가난뱅이인 네로.
결국 네로는 파트라슈와 함께 세상을 떠나고 코제츠는 자신의 냉정
한 태도를 후회하면서⋯⋯' 이게 다《플랜더스의 개》때문에 생긴 심
각한 오해다. 재산 규모와 온정적 태도가 역상관관계를 가진다는 연
구는 아직 본 적이 없다. 모르긴 몰라도 덕과 부는 약한 수준의 공변

성을 가질 가능성이 높다. 둘 다 적합도를 높이는 형질이기 때문이다.

우리는 적합도를 향상하는 대상을 좋아한다. 매력적인 이성이든 기름진 통닭이든 따뜻한 침상이든 말이다. 어떤 대상이 지닌 가치는 대상 자체에 내재한 것이 아니다. 윤기가 좔좔 흐르는 전기구이 통닭의 가치는 닭이 결정하지 않았다. 통닭집 메뉴판에 적힌 가격표도 아니다. 인간의 유전자가 통닭의 가치를 정한다.

이성의 아름다움도 마찬가지다. 그 혹은 그녀를 바라보는 우리의 뇌 속에서 결정된다. 대상이 아름다운 것이 아니라 뇌가 아름답다고 여긴다. 오페라 《사랑의 묘약》의 주인공 네모리노는 아름다운 여성 아디나의 마음을 얻기 위해 사랑의 묘약을 구했다. 그런데 본인이 약을 먹었다. 당연히 아무런 효과가 없었다. 아디나가 자신을 사랑하게 만들려면 자신이 아니라 아디나로 하여금 묘약을 마시도록 했어야 했다.

높은 사회적 평판이라는 의미의 덕도 그렇고 풍족한 재정적 여유라는 의미의 부도 그렇다. 그 자체로는 아무 의미도 없다. 적합도를 향상해야만 비로소 의미가 있다. 전국시대를 살던 증자曾子는 다원주의에 대해서 몰랐지만 덕과 부가 모두 삶을 윤택하게 해준다는 것은 잘 알고 있었다.

인간은 덕과 부라는 독특한 형질을 모두 가지고 있는 아주 흥미로운 종이다. 동종 내 비친족에서 일어나는 '지연시간 상리공생'으로서의 덕은 비인간 동물에서 아주 드물게 일어난다. 동물은 대개 덕이 없다. 체외 식량 저장을 하는 비인간 동물도 흔하지 않다. 대부분은 하루 벌어 하루 먹는 식으로 살아간다. 동물은 대개 빈털털이다.

여유가 있을 때 자신의 자원을 주변과 나눈 후 나중에 돌려받는 행동 전략이 덕이다. 여유가 있을 때 자원을 체외에 저장한 후 나중에 활용하는 행동 전략이 부다. 이런 정의에 대해서 의문을 제기하는 철학과 출신이나 경제학과 출신도 있겠지만 그냥 넘어가고 부의 진화에 관한 이야기를 해보자.

저축은 사실 '괴상한' 행동

내일 더 매력적인 것을 찾는다고 해서 오늘 매력적인 것을 그냥 지나치지 마라.

Don't pass up something that's attractive today because you think you will find something better tomorrow.

- 워렌 버핏

일반적인 정의에 따르면 부는 가치가 있는 모든 대상이다. 여기서 가치는 필요를 충족하는 자질을 말한다. 우리는 쌀도 필요하고 옷도 필요하다. 자가든 전세든 잠잘 집도 필요하다. 전통적인 의미의 부다. 이뿐 아니다. 살면서 필요한 모든 것이 다 부다. 창문으로 쏟아지는 아침 햇살이나 사방치기하는 아이들의 웃음소리, 갓 구운 빵의 모락거리는 김도 누군가에겐 분명히 부다. 유엔은 포용적 부를 정의하면서 자연적, 인간적, 물리적 환경을 모두 포함했다.

그러나 보통 부는 상업과 교환의 수단으로 계산된다. 고전파 경제학자 애덤 스미스Adam Smith는《국부론》에서 대략 이렇게 말했다. "초기에는 소가 상업의 보편적 수단이었다…… 아비시니아 지역에서는 소금, 인도의 한 해안 지역에서는 조개 껍데기, 뉴펀들랜드에서는 말린 대구, 버지니아에서는 담배, 서인도 식민지에서는 설탕이다…… 스코틀랜드의 어떤 마을에서는 노동자들이 빵집이나 술집에 돈 대신 못을 들고 간다."

원칙적으로 모든 동물은 적합도 향상에 도움이 되거나 될 것으로 예상하는 행동만 하므로 그러한 행동의 결과는 모두 부로 환원된다. 예를 들어 육식동물의 사냥 행위를 생각해보자. 사냥 행위는 사냥 기술과 먹잇감의 가용도를 곱한 것이다. 가용한 먹잇감의 총량은 영역의 넓이에 독점 가능성을 곱한 것이다. 아마 사자는 자신이 확고하게 차지한 영역이 넓을수록, 발톱과 이빨이 예리할수록 '나는 부자 사자다!'라고 여길 것이다.

스미스는 당시 영국에 살던 호모 사피엔스의 상황을 반영하여 부가 토지와 재료, 기술, 노동으로 결정된다고 생각했다. 고전경제학에서 말하는 부의 정의다. 부의 상대적 크기는 말린 대구 혹은 파운드화로 환산하여 비교한다. 아침 햇살이 주는 효용에도 불구하고 햇살이 부의 목록에서 빠진 이유다. 금전으로 환산할 수 없기 때문이다. 국내총생산GDP은 부의 일부만을 반영한다. 만약 아침 햇살을 돈으로 계산할 수 있다면 GDP가 크게 높아질 것이다. 경제 성장을 공약으로 내건 정치인이라면 솔깃한 이야기다.

아무튼 진화생태학적으로 부는 적합도 자체다. '무엇이 필요하다'라는 말은 '(생존과 번식을 위해) 무엇이 필요하다'라는 말을 줄인 것이다. 최적 적합도를 위해서는 최적의 아이템을 가져야 한다. 가장 영양가가 높은 식량, 가장 먹잇감이 많은 영역, 가장 효과적인 사냥 기술 등이다. 진화적 경쟁의 대원칙이다.

그런데 예외가 있다. 바로 저축이다. 워렌 버핏은 내일의 만 원을 위해서 오늘의 천 원을 포기하지 말라고 했다. 이런 유의 격언이 그렇듯이 정확한 출처는 모르겠다. 아무튼 버핏의 조언은 합리적이다. 오늘 천 원을 가졌다고 해서 내일 만 원을 가지지 못하는 것이 아니기 때문이다. 만천 원을 가질 수 있다. 당연한 이야기처럼 들리지만 저축의 진화는 생태학적으로 '괴상한' 결과를 가져왔다.

예를 들어 하루 벌어 하루 먹는 사자라면 가장 효율성이 높은 먹잇감을 택해야 마땅하다. 식사를 마친 후에는 남은 음식을 그냥 버려두고 어슬렁거리며 낮잠이나 자는 것이다. 인간도 그렇다. 직장에서 원화 대신 김밥으로 급여를 받는다고 해보자. 김밥은 금방 상한다. 따라서 가장 양질의 김밥을 주는 직장을 택할 것이다. 푸아그라와 캐비어가 들어간 김밥이다. 그리고 배불리 김밥을 먹은 후에 그냥 퇴근해버릴 것이다.

그런데 만약 저장 가능한 형태로 급여를 받는다면? 뭐, 대개 급여는 돈으로 받으니까 말이다. 이 경우 시간차를 두고 더 낮은 수준의 생산 활동에 참여하는 것이 유리하다. 잔뜩 점심을 먹은 후에도 퇴근하지 않고 일하는 이유다. 돈은 썩지 않으니까 더 열심히 일해서 급여를 차곡차곡 저축할 수 있다.

일부 종에서 최적하(혹은 비최적, suboptimal) 자원 생산 전략이 진화했다. 몇 가지 조건이 있다. 자원 공급량의 등락이 심하고, 자원을 저장할 수 있고, 저장한 자원을 다시 활용할 수 있을 정도로 수명이 길어야 한다. 워렌 버핏의 예를 들어보자. 그의 재산 99%는 50세 이후에 형성된 것이다. 젊은 시절의 최적하 자원 생산 전략(저축 혹은 투자)은 저장 가능한 자원(달러나 주식), 긴 수명(올해 기준으로 91세), 자원 공급량의 등락(주가 변동)과 더불어 큰 힘을 발휘했다. 갑부가 된 비결이다.

저축왕 도살자 때까치

때까치류: 참새목 때까치과를 구성하는 약 64종의 포식성 중형 조류. 특히 때까치아과를 구성하는 때까치속의 25종에 한하여 사용하기도 한다. 부리로 커다란 곤충과 도마뱀, 생쥐류, 작은 새 등을 죽일 수 있다. 때까치류는 백정새라는 또 다른 이름에 맞게 갈고리에 고기를 걸듯이 먹이를 가시에 꽂아놓을 수 있다.

-《브리태니커백과사전》

참새처럼 생겼지만 때까치라는 이름으로 불리는 새가 있다. 까치와는 전혀 닮지 않았는데 아마도 '때때때때' 혹은 '키치키치'처럼 들리는 높은 울음소리로 인해 붙은 이름으로 보인다. 영어 속명으로는 'shrike'라고 하는데 날카로운 외침을 나타내는 고대 영어의 'scric'에서 유래한 이름이다.

동글동글 앙증맞은 외양이 아주 귀엽다. 그러나 무려 '백정새'

라는 별명을 가지고 있다. 지금은 숲제비과 백정새속*Cracticus*이 정식으로 있으므로 여기서는 도살자 때까치로 쓰겠다. 먹잇감을 사냥한 후 나뭇가지나 철조망의 날카로운 가시에 걸어두는 행동 때문이다. 때까치의 속명은 '*Lanius*'인데 백정이나 도살자를 뜻하는 라틴어다. 1758년 칼 린네Carl Linnaeus의 《자연의 체계Systema Naturae》, 10판에 처음 소개됐다. 아프리카에서는 '피스칼fiscal'이라는 이름으로 알려져 있는데 아프리카어에서 피스칼은 '교수형 집행인'을 뜻한다.

산책 중에 철조망이나 나뭇가지에 걸려 있는 쥐나 메뚜기, 도마뱀, 물고기, 작은 새를 보고 기겁한 적이 있다면 때까치의 소행으로 봐도 무방하다. 이를 먹이꽂이라고 하는데 구글에서 검색해보자. 입맛이 뚝 떨어질 것이다. 성인 인증을 하면 더 끔찍한 사진이 많이 나오는데 살짝 트라우마를 입을 수 있으니 조심하자.

도대체 얘네들은 왜 이런 짓을 하는 것일까? 아직 정설은 없다. 때까치는 세력권을 엄격하게 지키는 새다. 그러니 자신의 영역을 표시하는 것인지도 모른다. 하지만 먹잇감이 줄어드는 계절이 올수록 '갈고리에 고기를 거는' 행동이 잦아지므로 설득력이 약하다. 음식 숙성이라는 주장도 있다. 개구리나 도롱뇽은 피부에 독을 내는 점액선이 있는데 며칠 방치하면 독이 사라진다. 하지만 양서류만 가시에 걸어두는 것은 아니다. 날카로운 발톱이 없는 때까치가 먹이를 찢어먹기 위해서 갈고리에 먹이를 걸고 잡아당긴다는 주장도 있다. 그러나 한 번에 먹잇감을 다 먹지 않고 떼어낸 머리나 날개를 다시 가시에 걸어두는 행동을 볼 때 단지 가공 목적 때문은 아닌 것으로 보인다.

저장 가설이 유력하다. 2020년에 발표된 국내 연구진의 조사에

나뭇가지에 먹이를 꿰어놓은 때까치.

따르면 먹이꽂이는 11월 중순부터 급격하게 증가했다. 길동생태공원에서 확인한 212개의 먹이꽂이를 조사한 연구 결과다. 메뚜기 등 곤충이나 양서류가 제일 많았지만, 여러 종류의 먹이가 관찰되었다. 겨울 직전 크게 증가하여 2개월 내에 70퍼센트가 사라졌다.

때까치는 높은 나무 위에서 약 1헥타르에 달하는 자신의 영역을 정찰한다. 그러다 사냥감을 발견하면 중력을 이용한 활강을 통해 빠른 속도로 하강하여 공격한다. 때까치는 발톱이 날카롭지 않기 때문에 먹잇감의 살점을 뜯어내기 어렵다. 그래서 엄청난 힘으로 상대의 목을 잡아 흔든다. 부리로 목을 단단히 물고 초당 11회의 속도로 흔들어 목을 부러뜨린다. 마치 전성기 스티븐 시걸처럼 목을 팍 꺾어 죽인다.

때까치는 자신보다 몇 배나 큰 먹이를 사냥한다. 한 번에 다 먹을 수는 없다. 단기적으로는 최적하 자원 생산 전략이다. 그 대신 '저축'을 통해서 자원 활용도를 높인다. 배가 고프지 않아도 사냥하고 썩 맛있지 않은 먹이도 일단 저축해 둔다. 심지어 다른 개체를 쫓아가서 방금 사냥한 먹이를 훔쳐오기도 한다. 도벽 기생이라고 한다. 부자가 되기 위해 수단과 방법을 가리지 않는다.

흥미롭게도 이러한 '축재' 행동은 선천적인 본능이다. 때까치는 새끼에게 아무것도 가르치지 않는다. 사냥부터 도살, 그리고 높은 횟대에 희생자의 목을 걸어놓는 행동까지 모두 타고난 본성이다. 알을 깨고 나온 새끼는 약 14일이면 독립하는데 부모로부터 뭔가 배우기는 부족한 시간이다. 하지만 문제없다. 때까치의 유전자에는 도살자의 피가 흐르고 있다. 그들의 영역에는 곳곳마다 몸이나 머리를 꿰인 희생자의 시체가 그득하다.

이렇게 쌓아 올린 부는 어려운 시기를 견딜 수 있도록 해준다. 저축을 많이 한 때까치는 살점을 조금씩 잘라 새끼에게 먹인다. 부유한 어미 때까치를 둔 '금수저' 새끼일수록 더 무럭무럭 자랄 수 있을 것이다. 때까치는 약 2303만 년 전에서 533만 년 전까지의 시기인 마이오세에 분기한 것으로 보이는데, 최소 533만 년 전부터 이러한 저축 본능을 대대로 물려주었을 것이다.

쓰레기집을 만드는 사람들

1947년 뉴욕 122번가 경찰서에 신고가 들어왔다. 랭글리 콜리어와

호머 콜리어 형제가 살고 있는 할렘의 한 3층 집에 사람이 죽었다는 것이다. 신고를 받은 경찰은 강제로 창문을 뜯고 집안으로 들어갔다. 그리고 그들은 약 136톤의 잡동사니를 발견했다.

총 14대의 그랜드피아노, 2대의 오르간, 유리 항아리에 들어 있는 인체 표본, 포드사의 모델 T 자동차, 수천 권의 전문 서적, 마차 지붕, 엑스레이 기계 등이 나왔다. 몇 시간의 조사 끝에 호머의 시체를 발견했다. 그는 굶어 죽었다. 몇 주 후에야 랭글리의 시체가 발견되었다. 도둑을 막기 위해 스스로 설치한 덫에 걸려 잡동사니 더미에 깔려 죽은 것이었다.

콜리어 형제가 평생토록 수집한 물건은 경매에 붙여졌다. 재산의 가치는 고작 1800달러에 불과했다.

- 리더스 다이제스트, 〈상식의 허실〉 중에서

육식성 식량을 저장하는 때까치의 사례는 예외적이지만 식물성 식량을 저장하는 새는 제법 많다. 미국 서부에 서식하는 잣까마귀 중 한 종은 솔씨를 모아서 경사진 땅에 파묻는다. 가을 내내 모은 식량은 겨울을 나고 봄에 새끼를 키울 때 요긴하게 쓰인다. 무려 2500~4000여 곳에 약 3만 개의 씨앗을 '분산 투자'한다. 심지어 박새과Paridae에 속하는 어떤 새는 10만~50만 개의 씨앗을 여러 곳에 저장한다. 조류 세계의 워런 버핏이다.

자원의 가치는 자원을 소비하는 개체의 상황에 따라 달라진다. 따라서 지금은 불필요하거나 작은 효용만 주는 자원이라도 잘 모아두면 나중에 유용하게 쓸 수 있다. 당장 필요하지 않은 물건을 비축

하는 행동을 저장강박이라고 하는데 정도만 다를 뿐 저축 행위와 동일한 행동이다. 상당수의 조류는 불확실한 미래를 위해 지방의 형태로 체내에 자원을 저장하지만 때까치나 잣까마귀 등 일부 조류 및 인간은 체외에 자원을 저장하는 독특한 행동 형질을 진화시켰다. 몇 가지 조건을 만족하면 최적하 자원이라도 저장하는 편이 유리하다. 특히 앞으로 어려운 시기가 예상된다면 강박이 심해진다. 점점 추워지면 때까치는 마구잡이로 사냥에 나선다. 자신의 영역에 있는 가시나무마다 개구리 목을 걸어두고 나서야 겨울 채비를 다 했다고 흐뭇해할 것이다.

전 인구의 약 2~5퍼센트는 임상적 수준의 저장강박장애를 앓는다. 물건을 좀처럼 버리지 못한다. 쓸모없는 물건 혹은 앞으로 필요할 가능성이 현저하게 낮은 물건을 무조건 쌓아둔다. 집안은 온통 고물과 잡동사니, 쓰레기로 가득하다. 쇼핑도 너무 많이 한다. 비싼 물건보다 값싼 물건을 주로 구매하는데 공짜 물건을 특히 좋아한다.

저장 증상을 보이는 강박장애는 일부 사람만 앓는 이상한 정신 장애일까? 아니다. 인간은 모두 어느 정도 저장강박을 가지고 있다. 재정적 어려움이 예견되면, 사회적으로 외로우면, 스트레스를 많이 받으면 저장강박이 심해진다. 어린 시절에 결핍을 경험한 사람일수록 저장강박을 심하게 보인다. 노인도 그렇다. 신체적, 정신적 능력이 떨어지므로 미래를 더 불안해한다.

프레퍼라고도 불리는 생존주의자가 있다. 괴상한 잡동사니로 집안을 쓰레기장처럼 만들지는 않는다. 그러나 비상식량과 물, 총기, 야전 도구, 캠핑 장비 등을 꾸역꾸역 모은다. 식량 위기, 핵전쟁,

경제 공황, 팬데믹, 심지어 외계인 침공 등에 대비하며 효용이 낮은 최적하 자원을 축적하는 것이다. 만약 정말 위기가 닥친다면 큰 효용을 보이겠지만 외계인의 지구 침략은 그리 흔한 일이 아니므로 이들의 행동은 대개 적합도 향상으로 이어지지 못한다. 괴짜이지만 정신 장애라고 하긴 좀 그렇다.

어떤 의미에서는 160조 원을 '저장'한 채, 오마하의 작은 시골집에 살며 2달러짜리 체리 콜라를 즐기고 5000만 원짜리 싸구려(?) 자동차를 타고 다니는 워렌 버펏도 마찬가지다. 물론 그의 회사 주식은 '잡동사니'가 아니며(버크셔 해서웨이 A형 주식의 1주 가격은 현재 한화로 6억 원이 조금 넘는다), 사후에는 재산의 대부분을 사회에 기부하기로 했으니 칭찬할만한 강박이긴 하지만.

인간의 저장강박은 농업 혁명과 더불어 시작된 것으로 보인다. 물건의 교환은 약 3만 5000년 전, 플라이스토세 최말기부터 그 흔적이 관찰된다. 그러나 교환 수단으로서의 화폐, 그리고 물자의 저장이라는 독특한 행동 양식은 신석기 혁명 이후에 나타났다. 저장이 불가능하면 저장할 수 없다. 농사를 통해 얻은 곡식이나 가축은 장기간 저장이 가능했다. 금이나 은은 더욱 안정적인 저장을 이뤄냈다.

브라질과 베네수엘라 접경 지역에 살고 있는 야노마뫼족. 절반은 수렵채집에 의존하고 절반은 원시 농경에 의존하는 부족이다. 이들의 재산 목록은 수백 종에 불과하다. 1인당 GDP는 약 90달러다. 반면에 2021년 한국인의 1인당 GDP는 3만 5000달러다. 약 389배다. 분명히 야노마뫼족보다 부유하다. 더 행복한지는 모르겠지만.

인류의 저장강박은 콜리어 형제의 비극을 낳았지만 좋은 점이 훨씬 많았다. 몸 밖에 자원을 저장하는 능력은 날씬한 몸을 가지도록 해주었을 뿐 아니라 독특한 인지적 진화를 가능하게 해주었다. 바로 미래를 예측하는 능력, 그리고 과거를 회상하는 기억력이다.

예측, 미래를 기억하는 능력

현재는 오직 자연 속에만 존재하며 과거는 오직 기억 속에만 존재하고 일어날 일은 사실 존재하지 않는 것이며 미래는 마음이 만들어내는 소설, 즉 과거에 일어난 일들을 현재에 적용해본 것에 불과하다.
- 토마스 홉스, 《리바이어던》(1651년) 중에서

수만에서 수십만 개의 씨앗을 저장하고, 수백 개의 먹이꽂이를 만드는 새. 이들은 저장 장소를 어떻게 찾아가는 것일까? 저장 행동의 진화를 위해서 반드시 필요한 인지적 능력이 있다. 바로 기억력이다.

박새의 한 무리는 아주 추운 겨울을 견딘다. 반면에 다른 무리는 그보다는 추위가 더한 겨울을 보낸다. 흥미롭게도 혹독한 겨울을 보내는 무리는 더 큰 해마를 가지고 있었다. 혹독한 겨울을 견디기 위해 먹이를 잘 저장하고 찾아 먹어야 하기 때문일까? 먹이를 저장하는 새는 '대충 이쯤에 묻었으니 아무 곳이나 파보자'라는 전략을 취하지 않는다. 공간적 위치를 정확하게 기억해서 '예금'한 씨앗을 인출한다. 기억이 있고 환경이 일정한 양상으로 변한다면 예측도 가능하다.

2007년, 캐롤린 래비 등은 캘리포니아어치를 대상으로 흥미로운 실험을 진행했다. 며칠 동안 어치에게 두 종류의 상자를 주었다. 하나는 항상 먹이가 있고 다른 하나는 항상 먹이가 없었다. 그리고 어느 날 접시에 먹이를 가득 담아 주었다. 캘리포니아어치는 먹이가 없었던 상자에 먹이를 저장하기 시작했다. 아마 이렇게 예측한 것일지도 모른다. '음, 이쪽 상자는 늘 먹이가 담겨 있으니 내일도 먹이가 담겨 있겠지. 하지만 저쪽 상자는 늘 먹이가 담겨 있지 않으니 이번에 먹이를 저장해두면 나중에 필요할 때 쓸 수 있을 거야.'

인간도 마찬가지다. 초등학교 급식에는 가끔 사탕이 나오는데 말 그대로 '가끔' 나온다. 아이들은 사탕을 더 달라고 조르지만 정작 한 개만 먹고 나머지는 서랍 속에 저장한다. 과거의 '기억'에 기반하여 앞으로 당분간 급식에 사탕이 나오지 않는다고 '예측'하는 것이다. 미래 예측은 주변 상황을 보고 논리적으로 연역한 판단에 의거해서 이뤄지는 것이 아니다. 물론 천재는 그렇게 할지 모르겠지만 보통은 기억 속에 있는 과거를 미래에 투영하는 방식을 사용한다.

현대인은 여전히 부의 축적에 매달린다. 사실 인류는 이미 차고 넘치는 부를 성취했다. 버클리대학교의 경제학자 브래드포드 드롱 James Bradford DeLong에 의하면 현대인의 부는 최근 수백 년 사이에 급격하게 증가했다. 이제 수렵채집인에 비해 수백 배의 부를 축적한 우리다. 수렵채집인마저도 굶어 죽는 일은 흔하지 않으니 이 글을 읽는 독자의 사망진단서에서 '아사'라는 사인이 적히긴 대단히 어려운 일이다.

인간은 미래를 알 수 없다. 우리의 정신 세계 속 미래는 단지 과거의 복제다. 전쟁과 기아, 전염병에 시달리던 역사적 기억이 아직 생생하다. 불과 수십 년 전만 해도 그랬다. 태평양전쟁과 한국전쟁을 겪은 세대가 아직도 생존해 있다. 역사 선생님은 기아와 전쟁, 감염병 유행의 오랜 과거사를 열심히 가르치면서 인류의 험난했던 과거사를 다시 '기억'시킨다. 그러니 이러저러한 이유로 불안한 우리는 모으고 또 모으는 강박적 행동에 집착할 수밖에 없다. 인플레이션과 금리 인상, 우크라이나-러시아 전쟁에 관한 뉴스도 한몫한다.

부가 늘어나도 행복해지지 않는 이유다. 사실 우리는 행복하지 않기 때문에 더 열심히 모은다. 때까치는 분명히 행복하지 않을 것이다. 아마 늘 불안에 시달리는 때까치가 더 많은 먹이꽂이를 소유할 것이다. 체외 자원 축적이라는 독특한 행동 전략은 생존 가능성을 높여주었지만 그 대가로 불행을 선물했다. 흥미롭게도 파국적 미래를 준비하는 프레퍼, 생존주의 문화는 세계 제일의 부자 나라인 미국에서 가장 발달해 있다.

때까치가 모아둔 '고기'는 대개 소비되지만 일부는 소비되지 않은 채 버려진다. 필요 이상으로 너무 많이 모은 것이다. 물론 생존을 위해서라면 모자라는 것보다는 남는 것이 낫다. 최적화 자원 축적 행동은 과도한 잉여량을 만드는 경향이 있다. 가시에 목이 꿰인 동물의 사체는 흉물스럽게 비쩍 말라 썩어 간다. 콜리어 형제가 모은 136톤의 쓰레기 더미처럼 말이다.

현대인의 은행 계좌나 주식 계좌, 등기부등본에도 과도한 부가 흉물스럽게 썩어 간다(나는 아니다. 그래 봤으면 좋겠다). 인류는 부의 축적에 있어서 괄목할만한 수준의 정신적, 문화적 진화를 이뤄냈다. 그러나 쌓은 부를 나누는 데는 영 서툴러 보인다. 쌓아 올리는 행동만 진화하고 흩어 나누는 행동은 진화하지 못한 것일까? 아니다. 사실 인간 종에서는 모으는 행동보다 나누는 행동이 더 먼저 진화했다. 즉 부의 진화는 덕의 진화 다음에 일어난 일이다. 그럼 10장에서 계속 이야기해보자.

10

협력을 줄이는 복지의 역설

덕과 호혜적 협력의 적응적 조건

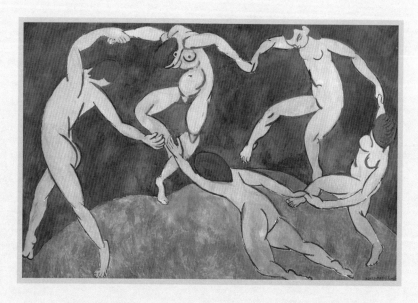

앙리 마티스Henri Matisse, 〈춤Dance〉(1910년), 에르미타주 박물관.

박쥐 한 마리가 실수로 족제비 둥지에 들어갔다. 족제비가 말했다.

"너는 쥐가 아니냐. 나는 쥐를 아주 좋아하지. 쥐란 쥐는 다 먹을 테다."

"아닙니다. 저는 쥐가 아닙니다. 날개를 보십시오. 저는 새라고요."

박쥐는 무사히 풀려날 수 있었다. 며칠 후 박쥐는 다른 족제비에게 사로잡혔다.

"너는 새가 아니냐. 나는 새를 아주 좋아하지. 새란 새는 모두 먹어 치울 거야."

"저는 새가 아닙니다. 새라면 마땅히 깃털이 있답니다. 제 몸을 보십시오. 깃털이 있나요? 저의 좌우명은 '고양이를 타도하라!'랍니다."

박쥐는 또다시 무사히 풀려날 수 있었다.

— 이솝, 〈족제비와 박쥐〉, 《이솝우화》(기원전 6세기경) 중에서

박쥐에 대한 오해

덕德의 정의에 관해서는 의견이 다양하겠지만 타인을 향한 넓고 공정한 마음 그리고 남에게 베푼 은혜라고 하자. 《표준국어대사

전》에 나오는 '덕'의 두 번째, 세 번째 정의다. 첫 번째 정의는 '도덕적, 윤리적 이상을 실현해 나가는 인격적 능력'인데 이건 왠지 서양식 덕에 가깝다. 우리 정서에서 '덕스러운' 사람은 철저한 윤리관으로 무장한 사람이라기보다는 주변에 잘 베푸는 따뜻한 사람이다.

덕을 얘기하는데 왜 박쥐가 등장할까. 박쥐는 덕과는 무관하지 않나.《이솝우화》와는 다른, 흔히 알고 있는 박쥐에 관한 이야기는 이렇다. 들짐승과 날짐승의 전쟁이 벌어졌는데 승세에 따라서 이리저리 붙었다가 나중에 양쪽 모두에게 쫓겨났다고 말이다. 그래서 낮에는 동굴에 숨어지내다가 저녁이 되어야 나와서 돌아다닌다나 뭐라나. 기회주의적 행동을 경계하는 우화다.

그러나 박쥐는 아주 '성공적인' 기회주의자다. 박쥐를 미워하는 들짐승과 날짐승 연합의 공동 방침 같은 것은 없다. 박쥐는 최소한 에오세 무렵부터 진화했다. 상당히 성공한 분류군이다. 포유류 종의 20퍼센트가 박쥐목이니 말이다. 박쥐는 과학 영화 수준의 진화적 적응을 이루었다. 하늘을 나는 데다 초음파를 사용한 반향정위 능력도 있다. 그뿐 아니다. 일부 박쥐는 정말 믿기 어려운 적응적 형질을 가지고 있다. 바로 '덕'이다.

하늘을 나는 영장류?

"네, 아버지. 박쥐가 되겠어요."
　-브루스 웨인의 말. 〈배트맨: 이어 원〉(2011년) 중에서

박쥐는 원래 박쥐목이 아니라 영장목에 속해 있었다. 칼 린네는 1758년 박쥐를 기술하면서 영장류와 같은 분류군에 넣었다. 당시에는 속명이 '베스페르틸리오*Vespertilio*'였는데, '베스페르*vesper*'는 저녁이라는 뜻이다. 신체적 특징이 아니라 행동적 특징으로 분류군의 이름을 붙인 것이다. 그러다가 약 20년 후 독일의 박물학자 요한 프리드리히 블루멘바흐Johann Friedrich Blumenbach가 속명을 '키로프테라*Chiroptera*'로 바꾸었다. 여기서 '키로chiro'는 손이라는 뜻이고, '프테라ptera'는 날개라는 뜻이다.

린네가 박쥐를 영장류로 생각한 이유는 불확실하다. 박쥐와 인간은 정말 가까운 것일까? 브루스 웨인말고도 이런 생각에 주목한 사람이 있었다. 호주의 신경과학자 존 페티그루John Pettigrew는 1986년에 〈비행하는 영장류인가? 눈과 중뇌를 잇는 진보한 신경 경로를 가진 큰박쥐Flying primates? Megabats have the advanced pathway from eye to midbrain〉라는 도발적 논문을 《사이언스》에 발표했다. 중뇌에는 상구superior colliculus라는 부위가 있는데 망막에서 시작한 시신경이 상구에서 시냅스를 이룬다. 물론 모든 동물이 그런 것은 아니다. 오직 포유류와 큰박쥐만 그렇다. 페티그루는 큰박쥐가 '날아다니는 영장류'라고 주장했다. 세상에! 결국 린네의 혜안이 옳았던 것일까?

페티그루의 주장에 의하면 큰박쥐류와 작은박쥐류는 독립적으로 날개를 진화시켰다. '설마'라는 생각이 들지만 큰박쥐와 작은박쥐의 얼굴을 보면 '그럴 수도 있겠는데?'라는 생각이 든다. 큰박쥐 중 가장 큰 녀석을 왕박쥐속*Pteropus*으로 분류하는데 이 녀석의 별명은 '날아다니는 여우'다. 제법 친근한 얼굴 생김새가 여우를 닮았다.

하지만 작은박쥐아목*Microchiroptera*, 즉 작은박쥐류의 얼굴은 영 아니다. 정말 꿈에서 볼까 두려울 정도로 기괴하다.

비행 영장류 가설은 지지자가 별로 없었다. 단지 뇌신경 구조물의 일부 특성만으로 박쥐를 영장류로 분류하기는 어렵다(나도 지지자가 아니다). 그리고 20년쯤 지나 DNA 연구가 가능해지면서 해당 가설은 거의 완전히 기각되었다. 웨인은 좀 실망하겠지만 박쥐는 영장류가 아니다.

하지만 박쥐의 몇 가지 특징은 '배트맨 가설'의 매력을 상기시킨다. 첫째, 엄청난 에너지 소비량이다. 둘째, 개체 구분 능력이다. 셋째, 긴 수명이다. 넷째, 일부 박쥐에서 관찰되는 비친족 협력 행동이다.

나는 아직 배고프다

오복五福의 첫 번째는 수壽이고, 두 번째는 부富이고, 세 번째는 강녕
康寧이고, 네 번째는 유호덕攸好德이고, 다섯 번째는 고종명考終命이다.
-〈홍범〉,《서경》중에서

박쥐는 많은 문화권에서 주로 죽음과 부패, 어둠, 악 등 부정적 의미를 가지고 있다. 아마 어두운 밤에만 활동하는 특징 때문일 것이다. 하지만 긍정적으로 생각하는 문화도 있다. 특히 중국에서 박쥐는 오복을 상징한다. 오복이란《서경》에 나오는 다섯 복을 말하는데 수壽, 부富, 강녕康寧, 유호덕攸好德, 고종명考終命이다. 수는 장수를, 부는

부유함을, 강녕은 건강을, 유호덕은 덕을, 고종명은 편안한 죽음을 말한다. 한자로 박쥐는 편복蝙蝠이라 하는데, 이는 두루 복을 받는다는 편복遍福과 발음이 같다. 그래서 박쥐가 복의 상징이 되었다. 예전에 많이 쓰던 전통 옷장의 손잡이가 종종 박쥐 모양이었던 이유다.

장수와 부, 건강은 모두 에너지가 필요한 활동이다. 사실 편안한 죽음도 마찬가지다. 박쥐는 날갯짓을 해야 하므로 에너지 소모량이 엄청나다. 일부 박쥐는 분당 심박 수가 1000회에 달한다. 심장의 상대적 크기는 일반 포유류의 세 배에 달한다. 폐는 엄청난 속도로 산소를 공급하지만 그것만으로는 부족해서 날개가 기체 교환의 일부를 담당한다.

그래서 풀을 먹는 박쥐는 없다. 박쥐는 주로 과일이나 꿀, 화분, 곤충 등을 먹는다. 모두 고열량 먹이다. 박쥐는 무려 체중의 1~2배에 달하는 먹이를 먹을 수 있다. 엄청난 대사량을 감당하려면 양질의 식량을 끊임없이 계속 엄청나게 먹어야 한다. 게다가 체내에 지방도 충분히 저장할 수 없다. 비행을 위해서라면 몸이 가벼워야 한다.

박쥐 정도는 아니지만 인간도 에너지 소비량이 많은 종이다. 오랑우탄의 기초대사량은 인간보다 훨씬 낮다. 같은 크기의 인간에 비해 30퍼센트 정도 적은 칼로리를 소모한다. 사실 영장류는 다른 포유류에 비해서 '게으른' 편이다. 그래서 일반적인 태반 포유류에 비해 약 절반의 에너지만 사용한다. 그러나 인간은 예외다. 상당히 많은 에너지를 소모한다. 그래서 인간은 양질의 식량을 좋아한다. 과일이나 꿀 그리고 고기다. 뷔페에 가면 사람이 가장 많이 웅성거리는 코너다.

그런데 박쥐든 인간이든 고열량의 먹이를 얻는 일은 쉽지 않다.

잘 익은 과일을 먹으려면 때와 장소를 잘 골라야 한다. 애써 모은 꿀을 선선히 내주는 꿀벌이나 자기 살을 선선히 내주는 짐승도 없다. 그래서 박쥐와 인간에게는 아주 독특한 능력이 진화했다. 바로 중추신경계다.

무리를 이루며, 서로 알아보는

"인간은 뇌 능력의 10퍼센트만 사용한다."
 - 아인슈타인이 말했다고 '잘못' 알려진 도시 전설

아주 유명한, 그리고 잘못된 속설이다. 대중에게 정말 사랑받는 가설이다. 언젠가 나머지 90퍼센트를 쓸 수만 있다면 별 볼 일 없는 현실에서 벗어날 수 있을 테다. 나처럼 열등생에게는 뭔가 희망을 주는 말이다. 물론 그러한 믿음과 달리 (열등생의) 뇌도 100퍼센트 사용된다. 뇌는 에너지 소모량이 아주 많은 기관이다. 90퍼센트의 뇌가 태업을 해도 무리 없이 작동된다면 자연선택이 금세 90퍼센트의 뉴런을 구조조정했을 것이다.

일반적으로 우리는 70~81와트(W)의 기초대사량을 가진다. 그런데 이는 과소 추정된 값이다. 인간은 다른 영장류보다 지방이 훨씬 많다. 따라서 이를 감안하면 인간의 기초대사량은 훨씬 높아진다. 만약 인간이 다른 영장류처럼 초식을 주로 했다면, 즉 푸성귀를 먹어서 필요 에너지를 충당했다면 매일 9시간 동안 계속 먹어야 한다. 아무리 식사 시간을 좋아하는 사람이라도 9시간은 무리다. 그래서 인간은 더 양질의 음식을 먹기로 결정했고 하는 수 없이 전보다 더 '똑똑하게' 음식을 찾아야 했다. 비슷한 체구의 영장류에 비해 뇌가 두 배나 커졌다.

그러나 뇌 용적이 600~700시시(cc)에 달하자 한계에 봉착했다. 7장에서도 이야기했지만, 이를 회색 천장이라고 한다. 느린 생애사와 두발걷기를 통한 효과적 이동 능력 등으로 획득할 수 있는 최대 뇌 용적이다. 어떻게 했을까? 인간은 짝 동맹을 통해서 회색 천장을 돌파해냈다. 남녀가 각자 똑같은 일을 하는 것보다 서로 잘 하는 일을 나눠서 하는 편이 유리했다. 분업의 효과다. 성적 분업을 통해 얻은 추가 자원은 자식에게 할당되었고 뇌는 비슷한 체구의 영장류 뇌에 비해 네 배나 커지게 되었다.

사실 뇌 크기의 증가와 인지 능력의 향상은 각각 서로의 원인이자 결과다. 큰 뇌를 지탱하려니 똑똑한 행동이 필요했고, 똑똑한 행동은 큰 뇌만 감당할 수 있었다. 대뇌화와 관련된 선택압은 다양하지만 그중 하나가 바로 집단의 크기다. 집단이 커지면 만나는 사람도 늘어난다. 2006년에 발표된 한 연구에 의하면 영장류 신피질 크기와 관련된 가장 중요한 요인이 바로 집단 크기다. 집단이 커질수록 사회적 관계는 복잡해진다. 수많은 이의 이름을 외워야 하고 서로의 관계도 파악해야 한다. 개체 구분 능력은 거대한 사회를 지탱하는 힘이다.

대부분의 박쥐는 초음파를 방출하고 초음파의 반향음을 듣는 능력이 있다. 반향음이 들리는 시간을 감안해서 주변의 삼차원적 지형을 판단할 수 있다. 비행 중에는 반향음에 도플러 효과가 발생하는

데 이것도 순식간에 계산해서 처리한다. 그러다가 레이더가 도달하는 반경에 먹잇감이 들어오면 정확하게 날아가서 먹이를 낚아챈다.

초음파는 후두에서 만든다. 그리고 코와 입을 통해 외부로 전파한다. 그래서 코와 입이 마치 외계인 마스크처럼 괴상하게 변했다. 반향음을 들으려면 귀도 크고 귓바퀴도 알맞게 변해야 한다. 마치 레이더처럼 생겼다. 작은박쥐아목에 속하는 박쥐 얼굴이 기괴한 이유다. 큰박쥐는 반향정위를 사용하지 않는다. 그래서 얼굴 모양이 제법 친근하다.

박쥐의 뇌는 점점 커졌다. 인간처럼 엄청나게 큰 건 아니다. 하지만 박쥐의 중추신경계 기능 중 일부는 코와 입, 귀가 직접 담당하고 있다. 이를 포함하면 훨씬 더 크다고 해야 한다. 박쥐의 반향정위 능력이 소모하는 에너지양에 관한 연구는 아직 없지만 아마 인간의 뇌처럼 상당한 에너지를 소모할 것이다.

박쥐의 반향정위 능력 진화를 유발한 일차적 선택압은 야간 비행 및 먹이 획득 활동이었을 것이다. 마치 인간의 대뇌화가 두발걷기 및 수렵채집 활동에 의해 추동된 것처럼 말이다. 그러나 인간처럼 박쥐도 사회적 집단을 이루는 종이다. 심지어 100만 마리 이상의 군체를 형성하는 종도 있다. 반향정위 능력에 개체 식별 능력이 더해졌다. 어려운 일은 아니었다. 이미 엄청나게 정교한 귀를 가지고 있었으니까 말이다. 이집트과일박쥐 연구에 의하면 박쥐가 내는 전체 소리의 70퍼센트가 소리를 낸 개체에 관한 식별 가능 정보를 담고 있었다. 즉 박쥐는 소리만 들어도 '지금 누가 기침 소리를 내었는지' 금방 알아차리는 것이다.

또 볼 사이니까 착하게

다윈주의적 악마: 태어나자마자 바로 번식을 시작하며 수많은 자식
을 무한정 낳고 영원히 사는 유기체.
- 리처드 로, 《개체군 동역학》(1979년) 중에서

적합도는 생식 가능한 자손의 수로 결정된다. 따라서 빠른 속도
로 영원히 자식을 낳는다면 세상은 금세 다윈주의적 악마로 가득
찰 것이다. 그러나 그런 악마는 없다. 자식을 너무 일찍 낳으면 자식
의 생식력이 떨어진다. 빠른 속도로 무한정 낳아도 마찬가지다. 물
론 영원히 낳는 것도 불가능하다. 모든 생물은 죽기 때문이다.

근데 생물은 왜 죽을까? 유기체가 가진 자원을 모두 생존에 투
자하면 번식은 불가능하다. 번식과 생존의 최적 트레이드오프가 발
생한다. 죽음은 적응적 형질이다. 물론 어떤 종은 더 오래 살고 어떤
종은 더 일찍 죽는다. 수명의 진화, 특히 종 간 혹은 종 내 수명 차이
에 관한 이야기는 아주 복잡하므로 넘어가자. 하지만 분명한 것은
박쥐와 인간 모두 아주 오래 살도록 진화했다는 것이다.

사실 인간의 신피질 크기 증가와 관련된 또 다른 강력한 요인
(하나는 앞서 말한 집단 크기)은 바로 수명이다. 그런데 도대체 수명과
인지 능력이 무슨 관련이 있을까?

빨리 낳고 빨리 죽는 생애사 전략이라면 똑똑한 인지 능력은 별
로 필요하지 않다. 유연한 지능은 여러 환경적 맥락을 오래도록 다
양하게 접하는 상황에서 빛을 발한다. 높은 인지 능력은 외부 요인

에 의한 사망 위험을 낮추므로 장수를 촉발하지만 장수는 장기간의 대뇌 성장 및 인지 발달 기간을 보장하므로 인지 능력을 향상시킨다. 두 요인은 서로 상승 효과를 일으킨다.

인간은 다른 유인원에 비해서 약 20퍼센트 이상 더 오래 산다. 도대체 인간은 어떻게 오래 살도록 진화했을까? 주류 가설은 주로 긴 소아기에서 촉발된 인지 능력 그리고 친족 내 자원 공유를 든다. 이른바 '공용 에너지 예산 가설'이다. 유명한 '할머니 가설'도 이 가설의 일종이다. 조부모 양육을 통해서 소아기의 사망률이 감소했고 이를 통해서 폐경 후 수명 연장이 진화했다는 것이다. 처음에 진화생물학자 조지 윌리엄스George Williams가 언급했고 이후에 여러 학자가 발전시켰다.

그런데 좀 이상하다. 자세히 들여다보자. 일단 폐경 후 여성, 즉 할머니가 손주의 생존에 도움이 된다는 것은 명백하다. 그러나 폐경 후 수명이 어떻게 진화했단 말인가. 예를 들어 어떤 여성에게 돌연변이가 발생하여 일찍 폐경을 했다고 가정하자. 그러면 남보다 자식을 적게 낳을 것이다. 아마 그 적은 수의 자식은 자신의 자식(즉 할머니의 손주)을 양육할 때 할머니의 도움을 받을 수 있을 것이다. 그러나 할머니 입장에서는 손주가 아니라 자식을 더 낳은 동료 할머니에 비해 번식적합도 측면에서 나을 것이 없다. 게다가 수렵채집 사회는 대개 부계제다. 할머니 가설은 모계성에 기반한 진화를 가정한다. 즉 할머니가 외손주를 돌봐서 딸의 번식을 도와야만 소위 '장수 및 폐경 유전자'가 진화할 수 있다는 논리적 모순이다.

뭐, 할머니 가설은 워낙 유명하고 대중에게 인기 있는 가설이니

대충 넘어가는 경우가 많다. 나도 종종 그런다. 하지만 공용 에너지 예산 가설이 긴 수명의 원인이자 결과라는 주장을 조금은 미심쩍게 보는 것이 좋겠다. 폐경의 진화에 대해서는 논란이 분분하다. 긴 수명과 확실하게 관련되는 생태학적 요인이 있다. 바로 비친족 협력이다.

타인과의 협력은 반드시 장기간의 반복적 거래가 예상될 때만 진화할 수 있다. 당신이 하루살이라면 내일 갚겠다고 호언장담하는 친구에게 돈을 빌려주지는 않을 것이다. 단 1년만 살다 죽는 해바라기라면 동료의 생일을 챙겨주는 모임은 생겨날 수 없다. 착한 하루살이는 돈을 돌려받지 못할 것이고 따뜻한 해바라기는 내년 생일을 기대만 하다가 삶이 끝날 것이다.

박쥐는 비슷한 크기의 다른 포유류보다 대략 3.5배 정도 수명이 길다. 무려 야생 수명이 30~40년에 달한다. 박쥐가 오래 사는 이유는 아직 불명확하다. 동면 때문이라는 주장도 있고 포식자가 별로 없기 때문이라는 의견도 있다. 아직 잘 모른다. 인간이 장수하는 이유처럼 말이다. 분명한 건 손주를 돌보는 박쥐는 아직 보고된 바 없다(내가 알기로는).

덕스러운 박쥐, 덕스러운 인간

덕이 있으면 외롭지 않으며 반드시 이웃이 있다.

德不孤必有隣

- 공자, 〈이인편〉, 《논어》 중에서

박쥐라고 하면 흡혈박쥐부터 생각하는 독자도 있을 것이다. 그러나 수천 종의 박쥐 중에서 피를 빨아먹는 박쥐는 단 세 종에 불과하다. 남미에 사는 일반 흡혈박쥐*Desmodus rotundus*가 그중 제일 유명하다. 사실 피를 빨아먹는 동물은 한둘이 아니다. 앞서 말했듯이 박쥐는 주로 과일이나 꿀, 화분, 곤충을 먹는다. 그래서 식물의 수분을 돕고 해충을 줄이며 씨앗을 널리 퍼트리는 생태학적으로 아주 유익한 동물이다. 하지만 박쥐를 보는 우리의 시선은 곱지 않다. 새도 아닌 것이, 쥐도 아닌 것이…… 게다가 음침하게 동굴에 살면서 밤에만 돌아다니는데, 심지어 피를 빨아먹는다니…….

흡혈박쥐는 주로 소나 말의 피를 먹는다. 반향정위 능력을 사용하여 먹잇감을 찾고 코에 있는 센서를 이용하여 혈관을 탐지한다. 치아로 피부를 뚫고 항응고제가 포함된 침으로 혈액이 굳지 않도록 하면서 혀를 이용하여 피를 핥아 먹는다. 사실 피는 그리 영양이 풍부한 먹이는 아니다. 피는 물보다 진하지만 그래도 90퍼센트가 물이다. 배불리 먹어도 곧 허기지는 음식이다. 과일이나 벌레를 먹는 박쥐에 비해 흡혈박쥐의 신세는 제법 처량하다. 게다가 자신의 피를 선선히 헌혈하는 동물은 없다. 매일 7퍼센트의 성체 박쥐가 허탕을 치고 돌아온다. 며칠만 사냥에 실패하면 박쥐는 아사 상태에 빠진다. 앞서 말했듯이 체내에 충분한 에너지를 저장할 수 없기 때문이다.

하지만 흡혈박쥐는 이렇게 어려운 상황을 극복할 수 있는 굴절 적응을 이미 가지고 있다. 앞서 말한 대로 고열량의 먹이를 먹기 때문에 오히려 자칫하면 굶어 죽는 상황에 빠지기 쉽다. 사회적 집단을 이루며 살고 개체를 구분하는 인지 능력을 가지고 있다. 게다가

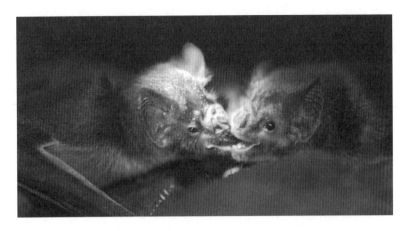

배고픈 동료에게 피를 나눠주는 흡혈박쥐. ⓒLuis Lecuona / USDA International Services

수명이 길어서 협력 행동이 보상받을 가능성이 높다. 그렇다. 흡혈박쥐는 주변의 굶주린 친구에게 자신이 애써 먹은 피를 토해서 건네준다. 흥미롭게도 네 가지 굴절적응은 인간도 가지고 있다. 그리고 인간도 어려움에 빠진 친구에게 기꺼이 도움을 주는 종이다(물론 개인차는 심하지만). 지금까지 인간과 흡혈박쥐 외에는 비친족 협력을 하는 동물, 그리고 앞서 말한 네 가지 조건을 만족하는 동물이 발견된 바는 거의 없다.

인간의 호혜성 협력은 명백한 증거가 있는 데다가 사회적으로 바람직한 가치이기도 하다. 그래서 종종 우리는 '협력적 인간'이라는 명제를 마치 진리처럼 받아들인다. 비협력적 인간은 '금수 같은' 인간으로 격하된다. 인간의 비협력적 본성을 주장하는 논문은 종종 열렬한 반대에 직면한다. 《다정한 것이 살아남는다》라는 책이 있다. 내가 감수한 책이다. 사실 책 내용은 인간의 집단 간 폭력성에 관한 것이다. 그런데도 사람들은 책 제목을 참 좋아했다.

반대로 흡혈박쥐는 어둠의 사신이라는 별명처럼 왠지 협력과 어울리지 않아 보인다. 흡혈박쥐의 호혜적 협력은 단지 친족 협력에 불과하다는 반론이 제기되었다. 아니면 굶주린 박쥐가 강압적으로 빼앗아 먹는 것인지도 모른다. 어디, 박쥐 따위가 이타적 협력을 한단 말인가. 그러나 아니었다. 박쥐는 서로 오래 알고 지낼수록 그리고 전에 도움을 받은 적이 있을수록 더 적극적으로 상대를 도왔다. 심지어 상대가 나에게 주었던 먹이양에 비례해서 상대에게 먹이를 나눠주었다. 흡혈박쥐는 정말 이타적이었다.

아마 이러한 협력은 조건 의존적 행동 전략일 가능성이 높다. 흡혈박쥐는 서로를 쓰다듬으면서 배를 만지는데 아마 이런 행동을 통해서 상대가 얼마나 허기졌는지 판단하는 것으로 보인다. 흡혈박쥐는 '아낌없이 주는 나무'는 분명히 아니다. 상대와의 친소 관계, 예전의 거래 관계 그리고 상대의 현 상태를 정확하게 계산해서 얼마나 도움을 줄지 결정한다.

인간도 그렇다. 지금까지 내 주변에서 '아낌없이 주는 친구'는 한 번도 만나보지 못했다. 나만 인덕이 부족한 탓은 아닐 것 같다. 덕이 많으면 친구가 많지만 무조건 퍼준다고 덕은 아니다. 언젠가 돌려받을 것을 예상하는 '전략적 체화 자원 분산 행동'이 바로 덕이다. 인간은 때까치처럼 체외에 부를 저장할 뿐 아니라, 흡혈박쥐처럼 자원 공여를 통해 체외에 덕을 저장한다. 앞에서 살펴본 '부'와 지금 논의하는 '덕', 둘 다 생존을 위해 진화한 행동 전략이다. 혹시 덕이 부에 비해 더 우월하다는 식의 (진부하지만 감동적인) 결말을 예상했다면 미안하다.

복지와 덕의 역설

흔히 친구 사이에는 돈 거래를 하면 안 된다고 한다. 그런데 급할 때 돈도 못 빌리면 친구가 무슨 소용일까? 뭔가 이상하다. 아마도 이런 모순적 격언이 공감을 얻는 이유는 현대 산업 사회의 독특한 사회생태적 변화 때문인지도 모른다. 즉 장기적 관계에 기반한 호혜적 협력 행동의 신뢰성보다 은행 융자의 신뢰성이 더 높아진 것이다. 노후의 어려움에 대비하여 친구 관계에 힘을 쓰는 것은 현명한 일이 아니다. 차라리 연금 저축을 드는 편이 더 확실하다. 이런 세상에서 굳이 친구에게 돈을 빌려야 한다면 그건 그 친구의 신용에 큰 문제가 생겼기 때문일 것이다. 그러니 요즘은 돈을 빌려주면 돈도 잃고 친구도 잃는다.

현대 산업 사회는 점점 흡혈박쥐형 전략보다는 때까치형 전략이 더 잘 통하는 쪽으로 달라지고 있다. 친구 소개로 이성을 만나는 사람보다 결혼정보회사를 통해 짝을 찾는 커플이 훨씬 많다. 경험자의 말로는 소개팅보다 더 확실하다는 것이다. 주변 소개로 직장을 구하는 경우도 점점 적어지고 있다. 사실 요즘은 지인을 통한 취업이 불법까지는 아니더라도 불공정으로 간주되기도 한다(물론 소위 '좋은' 직장만 그렇다). 쌀이 떨어지면 이웃집이 아니라 주민센터를 찾아가는 편이 낫다. 궁금한 것은 옆집 대학생에게 묻기보다 인터넷 검색을 하는 편이 현명하다. 그러니 친구나 동료는 그냥 같이 놀 때만 유용하다. 인류사 초유의 사건이다.

왜 이런 일이 일어날까? 장기적인 호혜적 협력 관계를 쌓아 올리는 수고에 비해서 기대 이익이 점점 낮아지고 있기 때문이다. 공자가 살던 시대에 비해서 '덕'의 비용-이득의 페이오프payoff가 점점 높아지고 있다. 여전히 인간은 오랜 기간 사회적 관계를 맺으며 살아가지만 중요한 자원일수록 점점 더 확실한 제도적 상호 부조로 갈음하고 있다.

인간은 긴 진화사를 통해서 누군가에게 도움이 되도록 그리고 누군가에게 기댈 수 있도록 적응했다. 그런 심리적 형질은 여전히 강력하게 작동한다. 기꺼이 도움이 되고 또 도움을 주고 싶어 하는 마음이다. 오랜 세월 동안 그렇게 느끼고 그렇게 행동할 때 개체의 장기적 이득이 최적화되었다. 하지만 요즘은 아니다.

이런 변화는 막을 수도 없고 사실 막을 이유도 없다. 비친족 간 호혜적 협력을 강화하기 위해서 사회 보장 제도를 폐지할 수는 없는 일이다. 하지만 아마도 덕스러운 사람은 점점 사라질 것이다. 덕을 통한 적합도상의 이득이 작아지면 덕도 사라지게 마련이다. 왠지 쓸쓸하다.

11

살기 위해 죽으리라

노화와 죽음의 진화

에곤 실레Egon Schiele, 〈죽음과 여인Death and the Maiden〉(1915년), 벨베데르 미술관.

이집트에는 신성한 새가 있다. 이름은 포이닉스다. 500년에 한 번, 그것도 부모 새가 죽었을 때만 찾아오는 아주 희귀한 새다. 그래서 나도 그림으로만 보았다. 깃털은 군데군데 붉고 일부는 황금색이다. 전체 형태나 크기는 독수리와 매우 닮았다. 이 새에 관한 이집트인의 이야기는 좀처럼 믿기 어려운데 다음과 같다. 포이닉스는 몰약으로 큰 덩어리를 만들어서 내부에 빈 공간을 둔다. 그리고 죽은 부모 새를 그 안에 넣는데 놀랍게도 넣기 전 무게와 똑같다. 그리고 태양신 헬리오스의 신전에 이 몰약 덩어리를 올려놓는다.

– 헤로도토스, 《역사》 중에서

불사의 새, 피닉스

피닉스phoenix는 고대 이집트의 신, 베누Bennu에서 기원한 불사조다. 태양신 라Ra의 영혼이다. 전설에 따르면 500년에 한 번 불에 타 재가 된 후 부활한다. 주기적인 재생을 통해서 영원히 사는 불사의 새다.

진시황이 아니더라도 누구나 영생을 꿈꾼다. 곧 150살 혹은 200살을 살 수 있다는 기사를 클릭해본 적 있는지? 별 내용도 없는 기사이지만 조회 수 높이기엔 안성맞춤이다. 실적 압박에 시달리는 기자라면 '인간의 수명, 곧 150세'나 '수명을 두 배 늘려주는 약물 개발' 등의 기사로 독자를 낚아보자. 실제 수명은 늘릴 수 없어도 기자의 수명은 약간 연장해줄 수 있을 것이다.

헤로도토스의 언급과는 조금 다르나 피닉스는 자신의 몸을 불살라 죽은 후 부활한다. 다양한 버전의 피닉스 전설이 있지만 폐허 속에서 다시 태어난다는 메시지는 비슷하다. 정말 인상적이다.

기독교의 부활 신앙과도 연결되므로 이집트와 그리스, 로마를 거쳐 중세 내내 사라지지 않은 전설이다. 오래도록 사랑받는 신화적 상징이다.

왠지 불 속에서 생명을 구하는 소방관의 이미지와 잘 어울린다. 찾아보니 울산 중부소방서 그룹사운드 이름이 '피닉스'다. 호주 맬버른대학교의 외상후스트레스장애 대응 기구의 이름도 '피닉스 오스트레일리아'다.

심지어 샌프란시스코는 1906년 대지진을 겪은 후 직인에 피닉스의 그림을 그려 넣었다(고 알려져 있었으나, 사실은 그전부터 피닉스가 그려져 있었다). 도시가 곧 폐허가 될 것을 그리고 다시 융성할 것을 예견한 것이었을까?

그런데 피닉스는 단지 상상의 동물이 아니다. 피닉스 정도는 아니지만 조류의 상당수는 매우 오래 산다. 바로 '조류 장수의 역설'이다.

늙어야 하는 이유

노화에 관해서 가장 해로운 편견은 마치 인간이 만든 물건이 닳듯이
우리 몸이 늙어간다는 믿음이다.

- 조지 윌리엄스, 〈다면발현, 자연선택, 노화의 진화〉(1957년) 중에서

우리는 왜 늙고, 왜 죽을까? 수십 년을 썼으니 연골도 닳고 피부
도 상하고 심장도 가끔씩 멈추는 것일까? 자동차도 10년 타기가 쉽
지 않으니 말이다. 그러나 이러한 '마모 가설'은 직관적이지만 진화
적으로 터무니없는 주장이다. 조지 윌리엄스도 그렇게 생각했다. 진
화의학의 태동을 알린 기념비적 논문이다.

유기체는 스스로 복원하는 능력이 있다. 따라서 필요하다면 영
원히 늙지 않을 수 있다. 주로 클론으로 번식하는 단세포 생물 혹은
히드라 등의 강장동물은 사실상 늙지 않는다. 불멸한다. 우리 몸에
도 불멸의 세포가 있다. 암세포다(물론 개체가 죽을 때 같이 죽지만). 따
라서 닳아서 죽는다는 주장은 이상한 말이다. 분명히 인간의 세포는
대개 50번쯤 분열하면 더 이상 분열하지 못하지만 그건 그럴만한
(진화적) 이유가 있기 때문이다. 만약 필요했다면 진화의 과정을 통
해서 유통기한을 훨씬 늘릴 수 있었을 테다.

노화는 대개 번식과 생존의 트레이드오프에 의한 결과다. 무성
생식을 하는 종과 달리 유성생식을 하는 모든 종은 시간이 지나면
반드시 퇴행적 변화를 겪는다. 왜 스스로 복제하며 영생하는 유기
체가 진화하지 않았을까? 지난번에도 말했듯이 식물학자 리처드 로

Richard Law는 1979년, 이러한 가상의 생물을 다윈주의적 악마라고 명명했다.

그러나 악마는 나타나지 않았다. 우리는 한정된 에너지를 성장과 회복, 유지, 번식 등에 나눠 써야만 한다. 에너지를 몽땅 회복과 유지에 할당하면 아마 영원에 가까울 정도로 오래 살 수 있을지도 모른다. 그러나 최적 시점에 번식하는 동료가 점점 자손을 불려가는 것을 물끄러미 지켜봐야만 한다. 질투 많은 악마로서는 참기 어렵다. 노화가 일어나지 않는 형질은 진화적으로 불안정하다. 유성생식을 하는 모든 종은 '적당한' 시점에 번식을 하도록 진화했다.

번식을 시작하면 자연선택의 힘이 점점 약해진다. 회복과 유지를 위한 진화적 적응이 지수적으로 감소하고 곧 전혀 불가능해진다. 점점 어떤 유전자는 야누스처럼 행동한다. 번식 전, 젊은 시기에는 유익하지만 생애 후반에는 불리하도록 진화한다. 이를 길항적 다면발현이라고 한다.

죽음의 시기

그는 늘 소식小食을 실천하며 살았다. 술 담배는 물론이고 심지어 운동도 하지 않았다. 조금만 먹고 조금만 움직였다. 활동량이 많을수록 얼른 늙는다는 것이었다. 얼마 안 되는 식사는 주로 활성산소를 제거해준다는 식단으로 가득했다. 그는 아마 숨도 살짝살짝 쉬고 싶었을 것이다.

−내가 만난 어떤 친구의 이야기

언젠가 늙고 죽는 것은 어쩔 수 없는 숙명이다. 영생은 포기하자. 그러나 대신 장수라도 좀 어떻게 안될까? 가능한 한 오래도록 건강하게 살고 싶다. 사실 일찍 늙고 병드는 사람도 있고 오래도록 싱싱하게 건강한 사람도 있다. 개체 차이도 있지만 종 간 차이가 더 두드러진다. 쥐는 보통 2년 살고 죽는데 개는 15년을 산다. 이런 차이는 왜 발생하는 것일까? 두 가지 주장이 있다.

첫 번째 주장은 아마 들어본 적이 있을 것이다. '생명 활동 속도 이론'이다. 1908년 독일의 생리학자 막스 루브너Max Rubner가 제안했다. 동물의 대사율이 수명을 결정한다는 것이다. 이른바 평생 뛰는 심박 수는 동일하다는 속설이 여기서 시작했다. 예를 들어 매일 29킬로줄(kJ)의 에너지를 쓰는 40그램의 쥐와 매일 9680킬로줄의 에너지를 쓰는 70킬로그램의 인간을 비교해보자. 전자가 후자보다 단위 체중낭 대사량이 더 높다. 그러니 쥐가 더 일찍 죽는다는 것이다.

그러나 실제로는 그렇지 않다. 생애 기간 내내 사용하는 에너지는 종마다 개체마다 다르다. 짧고 굵게 사는 삶, 길고 가늘게 사는 삶만 있는 것이 아니다. 어떤 이는 굵고 길게 살고 어떤 이는 짧고 가늘게 산다. 좀 불공평해 보이지만 원래 생물의 세계가 공평과는 거리가 멀다. 1991년, 164종의 포유류를 대상으로 생명 활동 속도 이론을 검증하는 연구가 진행되었는데 평생 사용하는 에너지의 양은 종에 따라 수십 배 이상 차이가 났다.

맨날 암자에서 절밥만 먹고 뉴에이지 음악을 들으며 명상으로 세월을 보내면 분명히 수명이 늘어날 것이다. 그러나 에너지 소비를 줄여서 수명이 늘어나는 것은 아니다. 비만 같은 대사성 장애가 줄

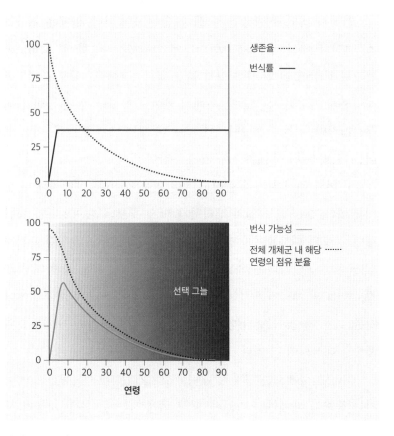

선택 그늘 그래프

연령 증가에 따라 번식률이 일정하게 유지된다고 해도 여러 이유로 생존율은 계속 감소한다. 따라서 아래쪽 그래프처럼 해당 연령의 번식 가능성이 초기 번식 가능 연령 이후부터 급격하게 감소하고, 이로 인해 개체군 내 해당 연령의 개체가 차지하는 분율도 급격하게 감소한다. 그리하여 생애 후반에 발생하는 해로운 형질의 부적 선택압은 점점 약하게 작동하는데 이를 선택 그늘 현상이라고 한다.

고 사고를 당할 위험이 감소하기 때문이다. 에너지 소모량 혹은 호흡 산소량이 수명을 결정한다면 마라톤 선수는 죄다 일찍 세상을 떠날 것이다. 황영조 선수는 금메달을 움켜쥐고 요절했을 것이다.

두 번째 주장, '진화적 최적화'는 번식과 수명의 상호 관계로 노화와 장수를 설명하는 가설이다. 앞서 말한 대로 우리는 늙고 병들도록 진화했다. 그리고 노화의 시점은 바로 번식 패턴이 결정한다. 만약 평생 번식력이 감소하지 않는다면 좀처럼 늙지 않을 수 있다. 반대로 연령에 따라 번식력이 감소하면 생애 후반에 이른바 선택 그늘selective shadow이 드리우게 된다.

즉 이른 시기에 집중된 번식은 이른 노화를 부르는 원인이다(개체 수준에서 생각하지는 말자). 만약 오래도록 천천히 번식하면 어떻게 될까? 나이 들어도 좀처럼 늙지 않을 것이다. 병들지 않고 건강할 것이다. 라이산알바트로스가 바로 그렇다.

늙지 않는 새, 위즈덤

호놀룰루에서 북쪽으로 천 마일 떨어진 이곳, 미드웨이 아톨 국립 야생동물 보호구역의 들판에 수십 마리의 눈부신 흰 바닷새가 음료수 캔 크기의 알 하나에 앉아 있다. (중략) 한 새가 눈에 띈다. 이 녀석이 바로 위즈덤wisdom이다. 빨간색의 발목 밴드 'Z333'을 차고 있는 암컷 알바트로스로 올해 70세가 되었다. 역사상 가장 나이 많은 야생 조류다.

─ 킴 스튜터만 로저스, 〈칠순을 맞은 세계에서 가장 나이 많은 야생 조류, 무엇이 특별한가?〉, 《내셔널 지오그래픽 뉴스》, 2021년 2월 25일 기사

위즈덤은 라이산알바트로스Laysan albatross, *Phoebastria immutabilis* 종에 속하는 암컷 한 개체의 별명이다. 라이산알바트로스는 북태평양 전역에 분포하는 큰 바닷새다. 언뜻 보면 갈매기처럼 생겼는데 알바트로스는 해안이 아니라 대양을 누비는 커다란 새다. 안전한 항구가 아니라 거친 바다를 누비는 대형조다. 눈 주변이 검고 부리는 갈색이며 날개는 짙은 흑갈색이다. 그 외의 깃털은 아주 하얗다.

미국 지질조사국의 선임 조류학자 챈들러 로빈스Chandler S. Robbins는 1956년 처음 위즈덤을 만났다. 당시 최소 5살이 넘었을 것으로 추정했다. 사실 알 수 없는 일이다. 그때 50살이었는지도 모른다. 알바트로스를 비롯하여 조류의 상당수는 외모로 나이를 짐작하기 대단히 어렵다. 아무튼 작년까지 480만 킬로미터를 비행했는데 지구 둘레의 120배에 달하는 거리다. 지금까지 최소 70년을 살면서 최소한 30개 이상의 알을 낳았고 그보다 약간 적은 수의 새끼를 얻은 것으로 추정된다.

2021년 3월에는 털이 보송한 새끼를 품은 모습이 관찰되었다. 칠순을 맞은 할머니로는 대단한 노익장이다. 작년 11월에 마지막으로 보고되었는데 여전히 살아 있을 것으로 추정된다. 야생 조류 역사상 가장 장수한 새로 알려져 있다(참고로 챈들러 로빈스는 울혈성 심부전을 앓다가 2017년 98세를 일기로 사망했다. 로빈스는 위즈덤을 무려 66년 동안 연구했지만 결국 연구자가 먼저 세상을 떠났다). 그렇다고 위즈덤에게 뭔가 특별한 점이 있는 것은 아니다. 평범한 알바트로스에 불과하다.

몇 가지 예외를 제외하면 조류는 포유류에 비해서 아주 오래 산다. 같은 체구의 포유류에 비해 수명이 최대 3배에 달하는데 높은 대사율을 고려하면 정말 이상한 일이다. 새는 비행을 하는 동물이고 비행은 에너지 소비량이 엄청난 과업이다(비행기와 자동차를 비교해보자). 그래서 조류의 대사율은 포유류의 약 2~2.5배에 달하고 평생 소모하는 에너지는 최대 15배에 이른다. 체온도 약 3도 이상 높다. 혈당 수치도 조류는 포유류의 2~4배에 달한다.

만약 생명 활동 속도 이론이 옳다면 새는 죄다 엄청나게 일찍 죽어야 한다. 몇 주도 어렵다. 그러나 야생 조류 대부분은 아주 오래 산다. 아니라고? 아마 집에서 닭이나 메추라기를 키워본 독자라면 고개를 가로저을 것이다. 메추라기가 3~6년, 닭이 5~10년을 사는 데 이는 예외적으로 짧은 경우다. 가축화된 새는 오래 사는 것보다 얼른 '맛있게' 크는 것이 (인간에게) 중요하기 때문이다. 보통의 새는 다르다. 시카고 인근의 브룩필드 동물원에 살던 마조르미셸유황앵무는 무려 83세까지 살았다.

새는 수명이 길 뿐 아니라 늙지도 않는다. 성장이 끝난 새는 겉보기로 나이를 짐작하기 어렵다. 야생 조류를 연구하는 학자의 골칫거리다. 특히 앵무목 *Psittaciformes*, 도요목 *Charadriiformes*, 참새목 *Passeriformes*, 칼새목 *Apodiformes* 및 매목 *Falconiformes* 등은 노화의 물리적 징후를 찾는 것이 참 어렵다. 그뿐 아니다. 심지어 캘리포니아 갈매기는 나이가 들어갈수록 오히려 번식 성공률이 높아진다.

새는 어떻게 오래 살 수 있는가?

최소한 38억~36억 년 전 지구상에 활성산소가 나타난 이후 생명은 줄곧 이들과 함께 해왔다. 오늘날 다양한 생리적, 발달적 과정이 활성산소종과 친밀한 관계를 가지는 이유다.

－마두리 이누파쿠티카 외 4명, 〈활성산소종의 진화〉(2016년) 중에서

노화의 근연 원인으로 종종 활성산소와 마이야르 반응을 꼽는다. 활성산소는 정상적인 대사 과정에서 자연스럽게 생긴다. 산소가 환원되는 과정에서 생기는 부산물이다. 불안정하기 때문에 주변 분자를 빠르게 산화시킨다. 물론 DNA도 산화시키므로 손상을 유발한다. 보통 암과 대사장애, 치매 등 퇴행성 질환의 원인으로 꼽힌다. 비타민이나 베타카로틴 등 항산화제를 먹으면 오래 살 수 있다는 말이 나온 이유다.

일부 연구에 따르면 조류는 미토콘드리아 전자전달계를 효율적으로 활용하여 활성산소 발생량을 최대 10배까지 낮추고 항산화 효과가 있는 식이를 섭취해 세포를 보호한다는 주장이 있다. 특히 식이 항산화제가 암컷의 짝 선택에 중요한 역할을 하는 깃털 색깔에 영향을 주어 진화했다는 흥미로운 가설도 있다.

그러나 우리는 38억 년 전부터 산소와 동거해왔고 대기에 산소가 가득한 지도 벌써 25억 년이다. 수십억 년 동안 해로운 영향을 미치는 활성산소에 대해서 생명체가 별다른 대응책 없이 속수무책으로 당하기만 했다면 이상한 일이다. 그런데 그 지독한 녀석을 블루베리 한 스푼으로 잠재울 수 있다고? 왠지 블루베리를 먹으면 눈도 밝아지고 몸속 활성산소로 '지지직'거리며 사라지는 것 같지만, 그럴 리 없다.

2차 대전 당시 영국 공군은 신형 레이더를 사용해서 야간 공중전에서 좋은 성과를 올렸는데 조종사가 블루베리를 먹어서 눈이 좋아졌다고 거짓 정보를 흘렸다. 헛정보에 속은 독일 파일럿은 블루베리를 열심히 먹어야 했고 우리 장모님도 잊을 만하면 블루베리를 보내주신다(사실 블루베리와 비슷한 빌베리인데 서유럽 들판에 넘쳐나는 야생 과일이다. 영국 공군의 블루베리 기만 작전에 관한 이야기도 확실한 것은 아니다. 블루베리가 아니라 당근일지도 모른다. 당근도 시력을 향상시켜준다고 알려져 있지만 사실이 아니다[영양결핍 상태가 아니라면]. 블루베리와 당근을 파는 채소 상인에게는 유감이지만 어쨌든 나는 당근과 블루베리가 들어간 주스를 좋아한다는 점을 알리고 싶다).

  실제로 활성산소는 면역 기능에 아주 중요하다. 백혈구는 활성산소를 이용하여 세균을 죽인다. 기억 능력을 지속하는 데도 중요한 역할을 한다. 만약 활성산소가 나쁘기만 하다면 포유류보다 숨을 많이 쉬는 조류가 장수할 리 만무하다. 온통 암 투병 중인 새가 넘쳐나야 마땅하다.

  한편 마이야르 반응에 의한 최종당화산물advanced glycation end products, AGE도 노화의 원인으로 알려져 있다. 고기를 180도 정도로 노릇노릇 구우면 풍미가 좋아지는 이유가 바로 마이야르 반응 때문이다. 고열이 아니더라도 체내에서 늘 일어나는 반응이다. 노화와 관련된 AGE는 주로 음식으로 섭취되는지 혹은 체내에서 자연적으로 생성되는 것인지는 아직 잘 모른다. 다만 암이나 당뇨병, 신장질환, 치매, 죽상경화증 등과 관련되어 있다는 것은 잘 알려져 있다. 일부 연구에 의하면 조류는 AGE 축적이 느리지만 논란이 제법 있다.

이밖에도 뉴런 재생이 빠르다거나 뇌가 크다는 등의 여러 주장
이 있다. 그러나 이러한 근연 원인은 왜 그렇게 복잡한 기작이 나타
나 수명을 연장했는지 설명해 주지 못한다. 정말 이런 수많은 기작
이 실제로 수명에 얼마나 영향을 미칠 수 있을지 모르겠다. 어느 책
에서 본 말인지 기억이 좀처럼 나지 않지만 과학자 재레드 다이아몬
드는 노화를 일으키는 강력한 단일 요인은 있을 수 없다고 했다. 그
렇다면 그 요인만 해결하면 종 전체의 수명이 갑자기 크게 늘어날
것이기 때문이다. 그러면 이제 '어떻게?'가 아니라 '왜?'를 알아보자.

알바트로스의 신중함과 수명

사실상 노화를 경험하지 않는 단세포 생물 일부를 제외하면 유
성생식하는 종의 노화 형태는 크게 둘로 나뉜다. 첫째, 점진적 노화
와 정해진 수명. 둘째, 빠른 노화와 급사다. 단 한 번 번식하고 몽땅
사망하는 연어 혹은 잘해야 3~4년 생존하는 설치류나 유대류는 생
애사적 자원을 모조리 신속한 대량 번식에 할당한다. 반면에 라이산
알바트로스는 조류 중에서도 느린 번식을 하는 종이다. 오래 살면서
천천히 노화한다. 보통 5년이 지나면 번식이 가능한데 대개 그보다
훨씬 늦게 번식한다. 이유는 간단하다. '결혼' 전에 연애를 오래하기
때문이다. 보통 5년 정도, 심지어 10년까지도 번식을 피한다. 요즘
만혼이 문제라지만 알바트로스에 비할 바 아니다. 도대체 번식을 왜
미루는 것일까? 암수 공히 춤 연습에 푹 빠지기 때문이다. 부리를

부딪히고 이리저리 향하고, 긁고, 서로를 응시한다.

　도대체 춤만 추고 '썸'만 타면서 왜 이렇게까지 까다롭게 오래도록 짝을 고르는 것일까? 알을 낳아 부화시키고 새끼를 키우는 데 너무 오래 걸리기 때문이다. 당연한 일이다. 오래 다닐 직장은 신중하게 찾아야 하고 평생 살 집을 계약하려면 심사숙고해야 한다. 알바트로스는 평생 일부일처제를 유지하는데 놀랍게도 거의 이혼하지 않는다(몇 년 동안 계속 자식을 낳지 못하는 경우에만 아주 드물게 이혼한다). 몇 년의 고민(과 댄스)을 거쳐 한번 부부의 연을 맺으면 백년해로한다. 오랜 세월 자식을 같이 낳고 같이 키운다.

　육아 부담의 양성 평등이라는 측면에서 알바트로스는 표창장을 받을 만하다. 같이 품고 같이 키운다. 포란 기간은 무려 2달 반에 이르는데 모든 조류 중에서 가장 길다. 잘해야 1년에 단 하나의 알을 낳아 키울 수 있다. 그러니 '외동알'에 지극 정성이다. 어쩌다 알이 깨지거나 포식자가 알을 훔쳐가면 그해 번식은 그걸로 끝이다.

　부화한 새끼는 약 6개월에서 9개월이 지나야 독립할 수 있다. 독립할 때까지 열심히 돌본다. 그렇게 오래도록 키운 자식이 떠나고 나면 기진맥진이다. 다음 해의 번식, 즉 연년생으로 새끼를 키우기는 쉽지 않다. 보통 한 해는 쉬고 그다음 해를 기약한다. 상황이 아주 좋아야만 매년 번식을 시도한다.

　그래서 알바트로스는 최대한 노화를 지연하도록 진화했다. 최적 번식을 위해 충분히 성장하고 짝 선택을 위해 신중에 신중을 기한다. 그리고 번식이 시작되면 오래도록 같은 짝과 협력한다. 번식을 하는 동안 노화는 거의 일어나지 않는다. 번식이 끝나야 비로소 급격하게 노화가 일어나고 대개 비슷한 연령에 사망한다.

눈치 빠른 독자는 이쯤 해서 알았을 것이다. 알바트로스의 생애사는 인간의 생애사와 아주 비슷하다는 점을. 인간이 다른 유인원에 비해서 30퍼센트 이상의 수명을 가진 것도 그리고 번식 개시 연령이 늦고 오래도록 자식을 낳는 것도 마찬가지다. 강력한 일부일처제를 유지하는 것도 같다. 일부일처제는 단지 사회적 제도가 아니다. 한 명의 짝을 오래도록 사랑하는 진화적 심리 모듈이 진화했다(물론 모두 그런 것은 아니지만).

물론 인간은 알바트로스처럼 죽기 직전까지 자식을 낳지는 않는다. 그러나 자식을 양육하는 기간이 훨씬 길기 때문에 막내를 다 키우고 손주를 봐주는 기간까지 대략 20~25년을 고려하면 얼추 맞아떨어진다. 우리가 다른 유인원보다 훨씬 장수하는 것은 블루베리나 당근 덕분이 아니다. 자식 덕분이다(왠지 인간은 성인기 초기에 자식을 많이 낳고 이후에는 적게 낳도록 진화했을 것 같지만 그렇지 않다. 10대 후반부터 출산을 시작해서 폐경 직전까지 일정한 간격으로 자식을 낳았다. 수렵채집사회는 출산 터울이 조금 길었고 농경사회는 터울이 조금 짧았지만 전체적인 패턴은 비슷했다. 특정한 연령대에 집중해서 자식을 낳는 경향은 산업사회 이후에 등장했다).

살기 위해 죽으리라

새는 워낙 종이 다양하므로 수명도 다르고 장수의 이유도 다르다. 그러나 느린 생애사와 일정한 번식 속도를 보이는 경우라면 예외 없이 수명이 길다. 특히 생애 후반에도 꾸준한 번식 투자를 한다면? 틀림없이 수명이 길다. 선택 그늘이 사라지기 때문이다.

하지만 그래도 영원히 살 수는 없다. 포식자에게 잡아 먹힐 수도 있고 기아도 겪을 수 있다. 외부 위험은 수명을 결정하는 강력한 요인이다. 알바트로스는 격리된 섬에서 비교적 포식자 걱정 없이 살고 있는데 예외적인 경우다. 한 연구에 따르면 조류의 수명을 결정하는 네 가지 생태학적 요인은 체구와 식이, 사회성, 섬 번식성breeding insularity이었다. 모두 외부 요인에 의한 사망률과 관련된다. 체구가 크고 먹을 것이 많고 사회성이 높고 섬에서 따로 산다면? 외부 요인, 즉 포식이나 기아 등에 의한 사망 가능성이 크게 낮아질 것이다. 천천히, 신중하게 그리고 꾸준히 오래도록 자식을 낳아 키울 수 있다.

그러나 아무리 안전하고 아무리 풍족해도 영원히 살 수는 없다. 벼락이 떨어지고 지진이 날지도 모른다. 알바트로스도 마찬가지다. 섬에 침입한 쥐로 인해 개체 수가 크게 줄은 적도 있고 쓰나미로 인해 어린 새끼가 거의 몰살한 적도 있었다. 이제는 플라스틱이 문제다. 해안으로 밀려온 플라스틱을 먹고 죽는 개체가 많아지고 있다. 환경 보호 캠페인에 자주 등장하는, 플라스틱을 잔뜩 먹고 죽은 새 사진을 본 적이 있을 것이다. 그 사진의 불쌍한 주인공이 주로 알바트로스다.

인류는 약 30만 년 전부터 수명이 크게 늘어났다. 아마도 생태적 조건이 좋아졌을 것이다. 알바트로스처럼 포식자가 없는 좋은 섬을 얻은 것이 아니다. 인간은 스스로 생태적 적소를 만들어 냈다. 새로운 서식지로 이동하고 스스로 마을과 집도 만들었다. 식량도 많이 구하고 구한 식재료를 더 잘 요리했다. 굶는 날이 점점 줄었고 체구는 점점 커졌다. 협력적 사회를 만들고 비록 섬은 아니지만 마치 섬처럼 다른 종이 침입하지 못하는 독특한 서식지를 구축해 나갔다.

자연스럽게 수명은 점점 늘어났다. 짝은 점점 더 까다롭게 골랐고 그렇게 연을 맺은 짝과 오래도록 같이 살았다. 부부는 협력하며 아이를 낳아 키웠고 막내를 다 키울 때까지 오래도록 장수했다. 특히 장수 인류를 만든 원동력은 등푸른생선이나 견과류가 아니라 바로 너무 천천히 자라는 자식이었다. 흥미롭게도 막내 자식의 연령은 부모의 기대여명과 반비례하는 경향을 보인다. 즉 막내가 어릴수록 부모의 남은 수명은 길다. 막내를 낳은 나이가 1세 많아지면 사망률은 2.2~3.5퍼센트 낮아졌다.

85세 남짓한 평균 수명이 여전히 불만스러운 독자도 있을 것이다. 그러나 인간보다 오래 사는 포유류는 북극고래 외에는 없다. 북극해의 추운 바다에서 살 자신이 없다면 수명에 대해서는 이 정도로 만족하는 것이 좋겠다. 아무리 생각해도 인류는 120살 이상 살도록 진화하지 않은 것 같다. 개인적으로 장수 연구에 주력하는 제약 바이오주에는 절대 투자하지 않는다.

하지만 부활은 가능하다. 헤로도토스가 말했듯이 피닉스는 죽은 부모를 몰약 덩어리에 넣어 태양의 제단에 올린다. 장기간의 양육을 통해 인간의 자식은 부모의 삶 자체를 영양 삼아 먹고 무럭무럭 자란다. 유전자뿐 아니라 부모가 남겨준 가문의 전통은 기억을 통해 대대로 내려간다. 그렇게 인류는 죽음의 재 속에서 부활하며 영생을 이어가는 것이다.

생물학적 한계에 다다른 인간 수명을 늘리겠다며 근거가 의심
스러운 연구에 천문학적 연구비가 쓰이고 있다. 2050년에는 150살,
2100년에는 200살…… 아무렇게나 떠드는 것은 쉬운 일이지만 진
화인류학적으로는 좀처럼 가망 없는 일이다. 불로장생을 꿈꾸던 사
람들은 늘 그 끝이 좋지 않았고 앞으로도 그럴 것이다. 진시황은 영
원히 살고 싶었다지만 고작 49살에 죽었다. 게다가 두 아들은 모두
자결했다. 영생도 부활도 실패했다.

불로장생 연구에 쓰이는 그 허망한 연구비를 차라리 다음 세대
를 위해 쓰면 좋겠다. 우리는 모두 위즈덤의 긴 수명에 감탄하지만
정말 놀라운 것은 위즈덤의 새끼 숫자다. 위즈덤은 이미 서른 번 넘
게 부활, 즉 새끼를 낳아 키웠다. 칠순을 맞은 위즈덤은 아마 '세상
에서 가장 오래 산 새'로 기네스북에 올랐다고 기뻐하지는 않을 것
이다. 하지만 서른 마리의 새끼, 그리고 그들이 다시 낳은 헤아릴 수
없이 많은 자손을 생각하면 무척 흐뭇할 것이다. 위즈덤이야말로 가
장 성공적으로 부활한 불사조, 피닉스다.

12

영혼을 잠식하는 감염병

혐오와 행동면역의 탄생

털 고르기를 하고 있는 곰베 국립 공원의 어린 침팬지들.

탄자니아 곰베 국립 공원. '미스터 맥그리거'라는 애칭의 늙은 침팬지에게 큰 시련이 닥쳤다. 부상으로 인해 양쪽 다리를 쓸 수 없게 된 것이다. 몸통을 양팔 사이에 넣고 약간씩 뒤로 움직여야 조금 이동할 수 있었다. 앞으로 움직이려면 배를 바닥에 깔고 엎드려서 나뭇가지나 뿌리를 팔로 힘껏 잡아당겨야 했다. 금방 기진맥진해졌다.

맥그리거는 바닥에 난 풀을 움켜쥐고 팔과 몸통의 힘으로 괴상한 공중제비를 돌면서 움직였다. 다리가 땅바닥에 '탕!' 소리를 내며 부딪혔다. 정말 볼썽사나운 광경이었다. 주변에는 파리 떼가 모여 윙윙거렸다. 불쌍한 맥그리거는 대소변을 제대로 가릴 수 없었기 때문에 냄새를 맡은 해충이 꼬인 것이다.

포유류가 등장하기 훨씬 전 선캄브리아 시대부터 병원체가 존재했다. 기생성 생물은 혼자 살 수 없으므로 분명히 숙주보다 나중에 등장했겠지만 거의 비슷한 시기에 나타났을 것이다. 그리고 지긋지긋한 동거가 시작되었다. 인간과 인간 이전의 조상이 살던 생태적 환경에는 병원체도 같이 있었다.

자연선택에 의해 어떤 형질이 진화하려면 그에 상응하는 선택압이 있어야 한다. 진화가 반드시 자연선택으로 일어나는 것은 아니지만 강력한 선택압이 없다면 방향성을 가진 고도의 적응적 시스템이 만들어지기는 어렵다. 그리고 감염성 질환은 의심할 여지없이 강력한 선택압을 유발하는 조건이다. 전쟁으로 죽은 사람보다 감염병으로 죽은 사람이 훨씬 많다. 인류사를 통틀어 다른 원인에 의한 사망을 모두 합한 것보다 감염병에 의한 사망이 더 많다. 따라서 감염병의 위험을 조금이라도 낮출 수 있는 돌연변이가 나타나면 금세 개체군 전체로 퍼져 나간다. 면역계도 바로 이러한 진화적 적응의 하나로 출현했다.

면역계는 초기 진핵생물이 진화하면서 같이 진화한 것으로 보인다. 먼저 미생물이 침입하는 것을 인식하는 '패턴 인식 수용체'가 나타났다. 패턴 인식 수용체는 원시적인 면역계로 무척추동물이 번성하던 선캄브리아 시대부터 나타났다. 하지만 점점 다양한 병원체가 나타나면서 한계에 부딪혔다. 별로 유연하지 않았기 때문이다. 사실 불과 수십 년 전만 해도 인간이 지닌 수많은 패턴 인식 수용체에 관한 정보를 유전자가 모두 담고 있다고 생각했다. 그러나 세상 모든 항원에 맞는 패턴 인식 수용체를 만드는 일은 불가능하다. 유전자의 수는 한정되어 있기 때문이다. 생식세포계열 이론이 한계에 부딪히자 체세포변이 이론이 등장했다. 일단 기본적인 단백질이 합성된 후 체세포계열에서 여러 단백질로 변이를 일으킨다는 것이다. 하지만 사실이 아니었다. 실제로는 여러 유전자가 재조합되면서 단백질을 만드는 믿을 수 없는 현상이 발견된 것이다.

이러한 기발한 진화적 도약은 약 5억 년 전에 처음 일어났다. 제한된 수의 유전자로 엄청난 수의 수용체 레퍼토리를 만들 수 있었다. 턱뼈가 있는, 원시적인 유악하문Gnathostomata에 속하는 척추동물에서 처음 등장했다. 재조합효소에 의해서 여러 부분이 새로 배열되고 전체 게놈이 여러 번 중복되면서 다양한 항체와 B세포 수용체, T세포 수용체를 지시할 수 있었다. 항체의 가변부를 결정하는 세 종류의 조각, 즉 가변, 다양, 연결 유전자가 림프구 발달 단계에서 서로 결합하며 다양성을 확보했다. 각각의 유전자가 적당한 부분을 묶고 자르는 작업을 통해서 조합의 수가 크게 늘어났다. 경쇄, 중쇄, 세 종류의 상보성 결정 영역complementarity determining regions, CDR 항체당 두 개의 항원 수용체 등 이런 식으로 조합의 수를 늘리며 다양성은 사실상 무한해졌다.

너무 어렵다고? 적응면역의 세계는 정말 혀를 내두를 정도로 복잡하다. 공부 좀 한다는 의대생도 좀처럼 면역학에는 면역이 되지 않는다. 아무튼 기생체와 숙주의 수천만 년 동안의 군비경쟁은 엄청나게 복잡한 면역계를 진화시켰다는 점만 알아두자. 감염병의 선택압은 아주 강력했고 이에 대항하는 면역 시스템은 점점 크고 아름다워졌다. 하지만 그게 끝이 아니었다.

'웩! 저리 가'의 진화

1966년 11월 27일, 늦은 저녁이었다. 캠프의 가장자리에 불쌍한 미스터 맥그리거가 나타났다. 곰베 공원의 여장부, 플로와 플로의 세 자녀 그리고 한 마리의 어린 암컷이 맥그리거에게 관심을 보였다. 하지만 긍정적인 관심은 분명히 아니었다. 무리는 수풀 너머로 맥그리거를 응시하면서 '후우' 소리를 내며 웅얼거렸다. 불편한 기색이 역력했다. 사춘기 나이의 피치와 아직 어린 티를 벗지 못한 플린트가 호기심을 보이며 조금 접근해서 킁킁 냄새를 맡았지만, 곧 맥그리거를 떠나버렸다. 병든 맥그리거와 소녀 침팬지 사이에는 어떤 접촉도 어떤 대화도 일어나지 않았다. 맥그리거의 주변에 나타난 서른두 마리의 침팬지 중에서 3미터 이내로 접근한 침팬지는 고작 아홉 마리에 불과했다. 그의 몸을 만진 침팬지는 단 네 마리였는데 사실 두 마리는 때리고 간 것이었다. 철모르는 청소년기 침팬지 한 마리와 새끼 침팬지 한 마리만 가깝게 와서 맥그리거를 잠깐 만졌다.

우리 몸의 면역계는 놀라울 정도로 정교하지만 단점도 많다. 일단 비용이 너무 많이 든다. 면역 반응이 일어나면 잇달아서 고열과 염증이 동반된다. 상당한 에너지가 소모된다. 열병을 앓아본 사람이라면 면역 반응이 아주 효과적인 다이어트임을 알 것이다. 물론 추천하고 싶은 방법은 아니지만. 또한 면역 반응이 일어나면 다른 일을 하기 어렵다. 일도 공부도 제대로 할 수 없다. 병에 걸려 골골거리면 데이트를 하고 싶은 마음이 싹 달아난다. 번식적합도가 낮아질 수밖에 없다. 병자가 이상형이라는 사람은 지금까지 한 번도 보지 못했다.

선천면역이든 획득면역이든 신체 면역계의 가장 중요한 단점은 한발 늦다는 점이다. 일단 몸에 뭔가 들어와야 반응이 시작된다. 좀 더 효과적인 면역계, 즉 사전에 감염 가능성을 차단하는 것은 어떨까? 일찍이 동물행동학자 이레네우스 아이블-아이베스펠트는 이상한 행동을 보이는 동료에 대한 회피는 전염성 질환이 퍼지는 위험을 줄이기 때문에 아주 적응적인 행동이라고 말했다. 이러한 주장은 '행동면역계behavioural immune system, BIS'라는 진화의학적 개념으로 발전했다. 심리학자 마크 샬러Mark Schaller가 처음 제안한 용어다.

인간이나 침팬지뿐 아니라 원시적인 동물도 감염 가능성이 있는 대상을 피하는 행동 반응을 보인다. 하지만 높은 수준의 정서, 인지, 행동 체계를 가진 인간이라면 이러한 행동면역계가 고도로 진화하기 딱 좋은 조건이다. 감염 가능성에 대해 인간은 행동 영역에서는 회피를 보이고, 감정 영역에서는 역겨움을 보인다. 역겨움은 인간의 여섯 가지 기본 감정 중 하나다. 이른바 '혐오'의 감정이다(요즘은 혐오의 범주가 너무 다양한 사회적 맥락에서 남용되고 있지만 여기서는 일단 진화적 생태 환경에서 느끼는 역겨움에 한정하자).

지금까지의 연구에 의하면 역겨움은 더러운 음식에 대한 반응에서 시작했다. 갓 태어난 영아도 이상한 것을 맛보면 역겨움을 느낀다. 얼굴을 찡그리다가 급기야 큰 소리를 내며 울 것이다. 나이가 들어가면서 역겨움의 대상이 점점 넓어진다. 여기에는 배설물, 해로운 곤충, 더러운 설치류, 감염된 사람이 보이는 기침이나 구토, 설사, 부자연스러운 행동, 피부의 발진 등이 포함된다. 혐오는 일종의 직관 미생물학이라고 할 수 있다. 진화적 연원은 아주 오래되었지만 아마 신석기 이후 감염병이 급증하면서 문화적 장치와 더불어 급격히 진화했을 것이다. 아무래도 혐오에 있어서 인간은 다른 동물보다

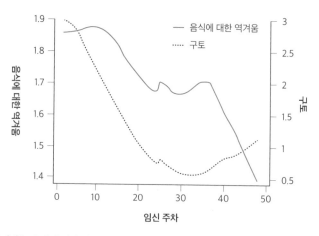

임신 초기에는 음식에 대한 역겨움 및 구토 반응이 빈번하다가 차차 감소한다(Fessler et al. 2005).

'우월'하다.

역겨움은 행동면역에 핵심적인 역할을 하는 독립된 행동 및 감정 모듈이다. 이는 두려움이나 불안 모듈과는 다르다. 사자를 보면 두렵지만 역겹지는 않다. 똥은 역겹지만 무섭지는 않다. 누렇거나 붉으면 감염과 관련된 신체적 분비물이 연상되는데 흰색이나 파란색은 그렇지 않다. 맛있는 초콜릿이라고 해도 똥 모양으로 만들면 좀처럼 먹기 어렵다. 양질의 에너지원인 곤충이 음식으로 활용되지 못하는 것은 해충에 대한 본능적 역겨움이 한몫한다. 역겨움의 감정은 특정 자극에 대한 본능적인 자동 반응에 상당 부분 의존한다.

흥미롭게도 행동면역계는 맥락에 따라 유연하게 조정된다. 임신 초기에는 역겨움을 유발하는 자극에 훨씬 민감해진다. 임산부의 유난스러운 반응은 분명히 적응적이다. 진화의학자 마지 프로펫 Margie Profet은 임산부의 병원성 회피 전략이 입덧으로 진화했다고 주장했다. 까탈스럽지 않은 임산부는 건강한 아기를 낳을 확률이 낮았을 것이다. 일반적으로 감염에 취약한 개체는 더 쉽게 역겨움을 느낀다. 젊은 가임기 여성이 남성보다 역겨움을 잘 느끼는 것은 문화적인 요인에 의한 것만은 아닐 것이다. 행동면역계는 감염 가능성이 있는 대상에 대한 감정적인 역겨움 그리고 대상을 피하려는 회피 행동으로 나타난다. 그리고 이러한 혐오는 분노와 배척의 문화적 코드로 발전한다.

문화, 무엇이 더러운가의 코드

세 마리의 수컷 이른 침팬지가 맥그리거 주변에서 어슬렁거리며 공격을 시작했다. 땅에 웅크린 불쌍한 맥그리거를 보며 잇몸을 크게 드러냈다. 급기야 한 마리가 발을 굴러 맥그리거를 밟았다. 어깨를 잡아 뒤집으려 했다. 나무에서 떨어져 죽은 시체에나 하던 행동이었다. 다른 한 마리는 광분하여 맥그리거 주변에 서성이던 험프리에게 달려들었다. 험프리는 맥그리거의 조카였다.

인간에게 있어서 행동면역계를 활성화하는 자극은 부패한 음식이나 감염된 대상, 해로운 동물 등에 한정되지 않는다. 수많은 감염병은 성관계를 통해 전파된다. 대표적인 예가 매독이다. 매독은 16세기 이후 인간 사회에 가장 심각한 영향을 미친 감염병 중 하나였다. 오로지 성관계에 의해 전파되는 성 전파성 질환은 물론이고 일반적인 감염병도 성관계와 같은 밀접한 접촉에 의해서 쉽게 퍼질 수 있다. 에이즈가 일반적인 감염병보다 더 혐오스럽게 여겨지는 이유도 바로 이러한 원인에 기인한다. 통상적이지 않은 성행위에 대해 행동면역계가 활성화되는 것은 생물학적으로 적응적인 반응이다.

인류의 조상이 '비정상적인' 성적 행동과 감염병의 관련성을 깨닫는 데에는 오랜 시간이 걸리지 않았을 것이다. 감염 가능성을 낮추는 성적 행동과 그렇지 않은 성적 행동에 대한 차별적인 혐오 반응이 진화했다. 혼전 순결과 부부 간의 배타적인 성관계는 성 전파성 질환을 막는 효과적인 행동면역 반응이다. 시대와 문화에 따른 차이는 있지만 일대일 부부관계를 넘어서는 다양한 대안적 성관계는 터부시된다. 물론 이러한 행동 전략은 대안적 번식 가능성이 줄어드는 비용을 치르지만 감염균이 득실거리는 환경에서는 분명히 비용보다 이득이 크다. 소위 '올바른' 혹은 '올바르지 않은' 성행위에 대한 횡문화적인 문화적 규범이 비교적 일정하게 나타나는 현상은 행동면역계에 의한 진화적 적응의 결과인지 모른다.

맥락은 조금 다르지만 식문화도 마찬가지다. 36개국 4578종의 육류 요리법을 조사해본 결과 연평균 기온이 올라갈수록 항균 효과를 가진 향신료가 들어가는 전통 음식의 비율이 높아졌다.

하지만 채소 요리에서는 그렇지 않았다. 세균과 곰팡이는 죽은 식물보다는 죽은 동물에서 더 잘 번식하기 때문이다. 여러 문화에서 먹을 수 있는 동물과 먹을 수 없는 동물을 구분하는 엄격한 기준이 나타났다. 이러한 금기를 깨려면 상당한 역겨움을 감수해야 한다. 하지만 식물에 대해서는 그런 기준이 덜 분명하다.

도덕심리학자 조너선 하이트Jonathan Haidt는 인간이 보편적으로 가진 다섯 가지 도덕성 중 하나가 정결함과 신성함이며 이는 병자와 오염된 음식, 쓰레기를 회피하는 반응에서 기원한다고 했다. 그리고 이러한 반응이 외국인 혐오나 특정 행동에 대한 터부, 종교나 문화적 상징에 대한 순종, 이단에 대한 분노 등으로 발전했다고 주장했다.

심지어 《정신병리의 기원Origins of Psychopathology》을 쓴 진화정신의학자 호라시오 파브레가Horacio Fabrega는 "사회적 행동에 속하는 관습은 대부분 질병 회피 규준의 역할을 한다. 거의 모든 사회적 규칙은 건강과 관련된다"라고 말했다.

더러움이 인종주의로

원래 험프리는 삼촌인 맥그리거와 서로 오랜 시간 털 고르기를 해주곤 했다. 털 고르기는 침팬지의 친목을 다지는 핵심 사교 활동이다. 그러나 불구에다 파리가 윙윙거리는 냄새나는 맥그리거에게 털 고르기를 해주려는 동료는 없었다. 6일째 되는 날, 맥그리거는 필사적으로 털 고르기를 시도했다. 서로 털 고르기를 하던 험프리와 휴에게 몸을 질질 끌며 무려 45미터를 기어갔다. 그들은 본능적으로 맥그리거를 피했다. 조카 험프리가 신경질적으로 아주 짧게 두 번 건성으로 털 고르기를 해주었다. 휴는 몸을 피했다. 맥그리거는 온 힘을 다해 나뭇가지 위에 엉덩이를 올려놓고 지친 몸을 기댔다. 조금 전까지 험프리와 휴가 서로 털고르기를 하던 그 장소였다. 하지만 험프리는 맥그리거를 두고 휴를 쫓아갔다. 맥그리거는 기를 써서 나뭇가지에 올랐지만 곁에 아무도 오려하지 않았다. 늙고 병든 맥그리거는 털고르기를 마치고 쉬고 있는 험프리와 휴를 한참 동안 물끄러미 쳐다보다가 다시 낑낑대면서 땅으로 내려왔다.

행동면역계는 사회적 낙인 및 편견과 관련된다. 감염이 된 사람에 대한 혐오는 물론이고 기형이 있는 사람, 피부에 모반이 있는 사람에게도 편견이 발생한다. 뚱뚱한 개체에 대한 혐오도 마찬가지다. 감염과 관련이 없다는 것을 인지적으로 이해해도 혐오의 감정은 쉽게 누그러지지 않는다.

제노포비아, 즉 외국인 혐오도 마찬가지다. 외집단의 구성원은 군사적 침략이나 경제적 침탈의 가능성에 대한 두려움도 있지만 감염 위험에 대한 과대한 지각 편향이 혐오의 주된 원인 중 하나다. 일단 외모가 다르다. 다른 외모는 기형으로 인식된다. 또한 외부에서 미지의 병원균을 옮겨와 퍼트릴 수도 있다. 그리고 외집단의 구성원은 우리의 문화 관습이나 성적 규준을 지키지 않을 가능성이 높다.

정말 외국인 혐오나 장애인에 대한 사회적 편견이 진화된 행동면역계에 의한 결과일까? 연구에 따르면 임신 초기의 여성은 그렇지 않은 경우에 비해서 자민족 중심주의와 외국인 혐오를 더 심하게 보인다. 다른 연구에 의하면 일시적으로 감염 위험성이 증가하면 이민자에 대한 편견이 증가하는 경향이 있다. 제노포비아의 진화적 기원은 감염 회피를 위한 적응으로 보인다.

행동면역계는 심지어 정치적 태도에도 영향을 미친다. 전염병이 유행하면 주변 의견에 순응하고 동조하는 경향이 강화된다. 정치적 태도는 이전보다 보수적으로 바뀐다. 심지어 복도에 손 소독기만 두어도 일시적으로 보수적인 정치적 태도가 강화되는 현상이 나타났다. 보수적 태도는 새로운 감염원에 대한 노출을 줄여준다. 과거에는 분명히 적응적인 행동이었을 것이다.

자가행동면역질환 넘어서기

저개발국가, 즉 건강 빈국의 상당수가 저위도 지역에 위치한다. 감염성 질환이 원래 많은 지역이다. 아마 오랫동안 행동면역계가 높은 수준으로 작동했을 것이다. 연구에 의하면 행동면역 반응은 병원체의 다소에 따라 상이하게 나타난다. 그리고 이는 문화적 차이를 유발하는 요인으로 작동한다. 과거의 진화적 적응 환경에서는 보수적 관습과 외부에 대한 경계와 배척 등의 행동 전략이 감염을 막는 데 유리하게 작동했을 것이다. 하지만 현대 사회에서는 아니다.

한국도 마찬가지다. 앞으로 신종 감염병은 점점 늘어날 것이며 상당수는 아시아 지역에서 발생하므로 지정학적으로 자유롭지 못하다. 이러한 상황은 진화된 행동면역계를 통해 사회의 보수성을 강화할 가능성이 있다. 외향성과 개방성이 낮아지고 집단주의가 득세할 수 있다. 균형이 미세하게 조정되는 것만으로도 혁신적인 보건의료적 개선이 어려움에 봉착할 수 있다. 백신 거부와 같은 반지성주의, 외국인 혐오, 장애인에 대한 편견, 사회문화적 가치를 둘러싼 갈등 등은 마치 다른 원인을 가진 사회적 현상으로 보이지만 하나의 진화적 기원에서 유래한다. 미생물과의 치열한 군비경쟁을 통해 공고하게 진화한 행동면역계가 현대 사회의 새로운 생태적 환경에서 큰 소리를 내며 파열하고 있다.

획득면역계가 과활성화되면 알레르기를 앓는다. 알레르기는 현대 사회에서 점점 늘어나는 자가면역질환이다. 하지만 알레르기를 치료하기 위해서 원시의 삶으로 돌아갈 수는 없다. '나는 자연인이다'는 해결책이 아니다. 마찬가지다. 현대 사회에서 점증하는 혐오와 배제, 편견 등의 사회적 병리를 행동면역계의 과활성화에 의한 '자가행동면역질환'이라고 부를 수 있을까? 아무튼 이를 해결하겠다면서 국경을 폐쇄하고 세계화의 거대한 흐름을 되돌릴 수는 없다. 부족 사회로 돌아가는 것은 답이 아니다.

감염병이 유행하면 건강과 안전에 대한 집단 불안, 잠재적 감염자에 대한 혐오와 배제, 원인이라고 추정되는 대상에 대한 희생양 찾기와 처벌이라는 부정적 고리가 반복된다. 현대 사회에서는 더 이상 적응적이지 않은 과거의 잔재다. 어떻게 해야 하는가? 자가면역질환이 늘어나고 있지만 의학적 혁신이 빠른 속도로 따라잡고 있다. 자가행동면역질환에 대한 공공진화의학적, 사회문화적 솔루션은 아직 어렴풋한 수준이다. 저항도 만만치 않다. 하지만 우리는 답을 찾을 것이다. 지난 수백만 년간 늘 그랬듯이.

1. 인간 멸종의 위기 앞에서

단행본

Laland, K.N., Brown, G.R. and Brown, G., 2011. *Sense and nonsense: Evolutionary perspectives on human behaviour*. Oxford University Press.

논문

Collias, N.E., 1965. The evolution of social organization and visual communication in the weaver birds (Ploceinae). *Behaviour*, Suppl. 10: 1-178.

Crawford, C., 1998. The theory of evolution in the study of human behavior: An introduction and overview. *Handbook of evolutionary psychology: Ideas, issues, and applications*, pp.3-41.

de Chardin, P.T., 1930. Le phénomène humain. *Revue des Questions Scientifiques*, pp.390-406.

Ellsworth, J.W. and McCOMB, B.C., 2003. Potential effects of passenger pigeon flocks on the structure and composition of presettlement forests of eastern North America. *Conservation Biology*, 17(6), pp.1548-1558.

Gould, S.J. and Vrba, E.S., 1982. Exaptation—a missing term in the science of form. *Paleobiology*, 8(1), pp.4-15.

Haldane, J.B.S., 1956. The argument from animals to men: an examination of its validity for anthropology. *The Journal of the Royal Anthropological Institute of Great Britain and Ireland*, 86(2), pp.1-14.

Keeley, B.L., 2004. Anthropomorphism, primatomorphism, mammalomorphism:

understanding cross-species comparisons. *Biology and Philosophy*, 19(4), pp.521-540.

Murray, G.G., Soares, A.E., Novak, B.J., Schaefer, N.K., Cahill, J.A., Baker, A.J., Demboski, J.R., Doll, A., Da Fonseca, R.R., Fulton, T.L. and Gilbert, M.T.P., 2017. Natural selection shaped the rise and fall of passenger pigeon genomic diversity. *Science*, 358(6365), pp.951-954.

"Reward for Wild Pigeons. Ornithologists Offer $3,000 for the Discovery of Their Nests". *The New York Times*. April 4, 1910.

Smith, J.M. and Haigh, J., 1974. The hitch-hiking effect of a favourable gene. *Genetics Research*, 23(1), pp.23-35.

Symons, D., 1987. If we're all Darwinians, what's the fuss about. *Sociobiology and Psychology*, pp.121-146.

Turke, P.W., 1990. Which humans behave adaptively, and why does it matter?. *Ethology and Sociobiology*, 11(4-5), pp.305-339.

Van Abeelen, J.H.F., 1964. Mouse mutants studied by means of ethological methods. *Genetica*, 34(1), pp.270-286.

2. 짝짓기의 기쁨과 슬픔

단행본

박한선. 2019.《마음으로부터 일곱 발자국 : 내 감정을 똑바로 보기 위한 신경인류학 에세이》, 아르테.

Cartwright, J., 2017. *Evolution and human behaviour: Darwinian perspectives on the human condition*. Red Globe Press; 존 카트라이트. 박한선 옮김. 2019.《진화와 인간 행동》. 에이도스.

Fisher, H., 2016. *Anatomy of love: A natural history of mating, marriage, and why we stray* (completely revised and updated with a new introduction). WW Norton & Company.

Frank, R. H., 1988. *Passions within reason: the strategic role of the emotions*. WW Norton & Co.

Kinsey, A.C., Pomeroy, W.B., Martin, C.E. and Gebhard, P.H., 1998. *Sexual behavior in the human female*. Indiana University Press.

Lorenz, K., 2002. *King Solomon's ring: new light on animal ways*. Psychology Press.

Patai, R., 2015. *Encyclopedia of Jewish folklore and traditions*. Routledge.

논문

Andersson, M. and Iwasa, Y., 1996. Sexual selection. *Trends in Ecology & Evolution*, 11(2), pp.53-58.

Stumpf, R.M. and Boesch, C., 2005. Does promiscuous mating preclude female choice? Female sexual strategies in chimpanzees (Pan troglodytes verus) of the Taï National Park, Côte d'Ivoire. *Behavioral Ecology and Sociobiology*, 57(5), pp.511-524.

Milius, S., 2002. "Maneless Lions Live One Guy Per Pride". *Science News*

Bonenfant, C., Gaillard, J.M., Klein, F. and Maillard, D., 2004. Variation in harem size of red deer (Cervus elaphus L.): the effects of adult sex ratio and age-structure. *Journal of Zoology*, 264(1), pp.77-85.

McCann, T.S., 1981. Aggression and sexual activity of male southern elephant seals, Mirounga leonina. *Journal of Zoology*, 195(3), pp.295-310.

Maestripieri, D., Mayhew, J., Carlson, C.L., Hoffman, C.L. and Radtke, J.M., 2007. One-male harems and female social dynamics in Guinea baboons. *Folia Primatologica*, 78(1), pp.56-68.

Glutton-Brock, T.H. and Vincent, A.C., 1991. Sexual selection and the potential reproductive rates of males and females. *Nature*, 351(6321), pp.58-60.

Tang-Martinez, Z., Breed, M. and Moore, J., 2019. Bateman's principles: original experiment and modern data for and against. *Journal: Encyclopedia of Animal Behavior*, pp.472-483.

Buss, D.M. and Barnes, M., 1986. Preferences in human mate selection. *Journal of Personality and Social Psychology*, 50(3), p.559.

Ketelaar, T. and Goodie, A., 2011. The satisficing role of emotions in decision making. *Psykhe*, 7(1).

Moller, A.P., 1987. Behavioural aspects of sperm competition in swallows (Hirundo rustica). *Behaviour*, 100(1-4), pp.92-104.

Trivers, R.L. and Willard, D.E., 1973. Natural selection of parental ability to vary the sex ratio of offspring. *Science*, 179(4068), pp.90-92.

Hesketh, T. and Xing, Z.W., 2006. Abnormal sex ratios in human populations: causes and consequences. *Proceedings of the National Academy of Sciences*, 103(36), pp.13271-13275.

3. 왜 남에게 아이를 맡기는가

단행본

Bellrose, F. C., & Holm, D. J., 1994. *Ecology and management of the wood duck*. Stackpole Books.

Darwin, C., 1859. *On the origin of species*. London: John Murray; 찰스 다윈. 박만규 옮김. 1985. 《종의 기원》, 삼성출판사.

Davies, N., 2010. *Cuckoos, cowbirds and other cheats*. A&C Black.

Dugatkin, L. A., 2002. *Model systems in behavioral ecology: Integrating conceptual, theoretical, and empirical approaches*. Princeton University Press.

논문

Alvergne, A., Faurie, C., & Raymond, M. 2007. Differential facial resemblance of young children to their parents: who do children look like more?. *Evolution and Human Behavior*, 28(2), pp.135-144.

Apicella, C. L., & Marlowe, F. W., 2004. Perceived mate fidelity and paternal resemblance predict men's investment in children. *Evolution and Human Behavior*, 25(6), pp.371-378.

Bressan, P., 2002. Why babies look like their daddies: paternity uncertainty and the evolution of self-deception in evaluating family resemblance. *Acta Ethologica*, 4(2), pp.113-118.

Cerda-Flores, R. M., Barton, S. A., Marty-Gonzalez, L. F., Rivas, F., & Chakraborty, R., 1999. Estimation of nonpaternity in the mexican population of nuevo leon: a validation study with blood group markers. *American Journal of Physical Anthropology: The Official Publication of the American Association of Physical Anthropologists*, 109(3), pp.281-293.

Daly, M. and Wilson, M.I., 1982. Whom are newborn babies said to resemble?. *Ethology and Sociobiology*, 3(2), pp.69-78.

Daly, M., & Perry, G., 2011. Has the child welfare profession discovered nepotistic biases?. *Human Nature*, 22(3), pp.350.

Davies, N. B., 2007. Quick guide cuckoos. *Current Biology*, 17(10), pp.346-348.

———, 2011. Cuckoo adaptations: trickery and tuning. *Journal of Zoology*, 284(1), pp.1-14.

Hauber, M. E., Russo, S. A., & Sherman, P. W., 2001. A password for species recognition in a brood-parasitic bird. *Proceedings of the Royal Society B: Biological Sciences*, 268(1471), pp.1041-1048.

Herring, D. J. 2005. Foster care safety and the kinship cue of attitude similarity. *Minnesota Journal of Law, Science & Technology*, 7, p.355.

Hofferth, S. L., & Anderson, K. G., 2003. are all dads equal? biology versus marriage as a basis for paternal investment. *Journal of Marriage and Family*, 65(1), pp.213-232.

Kilner, R. M., 2005. The evolution of virulence in brood parasites. *Ornithological Science*, 4,55-64.

Li, H., & Chang, L., 2007. Paternal harsh parenting in relation to paternal versus child characteristics: the moderating effect of paternal resemblance belief. *Acta Psychologica Sinica*, 39(3), pp.495-501.

Semel, B., & Sherman, P. W., 1986. Dynamics of nest parasitism in wood ducks. *The Auk*, 103(4), pp.813-816.

Semel, B., Sherman, P. W., & Byers, S. M., 1988. Effects of brood parasitism and nest-box placement on wood duck breeding ecology. *The Condor*, 90(4), pp.920-930.

Silk, J. B., 1987. Adoption and fosterage in human societies: adaptations or enigmas? *Cultural Anthropology*, 2(1), pp.39-49.

————, 1990. Human adoption in evolutionary perspective. *Human Nature*, 1(1), pp.25-52.

4. 형제자매가 사라지는 세상

단행본

박한선, 구형찬. 2021.《감염병 인류》. 창비.

Davies, N.B., Krebs, J.R. and West, S.A., 2012. *An introduction to behavioural ecology*. John Wiley &Sons.

Fisher, R.A., 1930. *The genetical theory of natural selection*. Oxford University Press.

Sulloway, F.J., 1996. *Born to rebel: Birth order, family dynamics, and creative lives*. Pantheon Books; 프랭크 설로웨이. 정병선 옮김. 2008.《타고난 반항아-출생 순서, 가족 관계, 그리고 창조성》. 사이언스북스.

논문

Anderson, D.J., 1990. Evolution of obligate siblicide in boobies. 1. A test of the insurance-egg hypothesis. *The American Naturalist*, 135 (3), pp.334-350.

Dorward, D.F., 1962. Comparative biology of the white booby and the brown booby Sula spp. Atascension. *Ibis*, 103(2), pp.174-220.

Galapagos Conservation Trust, Nazca Booby.

Haldane, J.B., 1955. Population genetics. *New Biology*, 18(1), pp.34-51.

Hamilton, W.D., 1964. The genetical evolution of social behaviour. II. *Journal of Theoretical Biology*, 7(1), pp.17-52.

Hinkel, D. & Eldeib, D.W.D., 2014. "Girl, 14, charged with killing sister, 11: With each stab wound she said she was not thankful". *Chicagotribune*

Lougheed, L.W. and Anderson, D.J., 1999. Parent blue-footed boobies suppress siblicidal behavior of offspring. *Behavioral Ecology and Sociobiology*, 45(1), pp.11-18.

Mock, D.W., Drummond, H. and Stinson, C.H., 1990. Avian siblicide. *American Scientist*, 78(5), pp.438-449.

Townsend, H.M. and Anderson, D.J., 2007. Production of insurance eggs in Nazca boobies: costs, benefits, and variable parental quality. *Behavioral Ecology*, 18(5), pp.841-848.

Trivers, R.L., 1974. Parent-offspring conflict. *Integrative and Comparative Biology*, 14(1), pp.249-264.

5. 평화로운 미래라는 망상

단행본

Cartwright, J. 2016. *Evolution and human behaviour: Darwinian perspectives on the human condition*. Red Globe Press; 존 카트라이트. 박한선 옮김. 2019.《진화와 인간 행동》. 에이도스.

Childe, V. G., 1965. *Man makes himself*. C.A.Watts & Co Ltd; 고드 차일드. 김성태 이경미 옮김. 2013.《신석기혁명과 도시혁명》. 주류성.

Dart, R. A., 1959. *Adventures with the missing link*. H. Hamilton.

Eibl-Eibesfeldt, I., 1970. *Liebe und hass*. Piper;이레네우스 아이블-아이베스펠트. 이경식 옮김. 2005.《야수인간》, 휴먼앤북스.

Jackson, J. A., & Bock, W. J., 2004. *Grzimek's animal life encyclopedia; Volume 8: Birds I*. Gale.

Lorenz, K., 2002. *On aggression*. Mariner Books.

Marcuse, H., 1980. *Das ende der utopie: vorträge u. diskussionen in berlin 1967*. Verlag Neue Kritik.

논문

Hackney, D. & E.C. McLaughlin., 2019. "Cassowary, called 'most dangerous bird,' attacks and kills Florida man." *apnews*. April 16, 2019.

Schjelderup-Ebbe, T., 1922. Beiträge zur Sozialpsychologie des Haushuhns [Observation on the social psychology of domestic fowls]. *Zeitschrift für Psychologie und Physiologie der Sinnesorgane. Abt. 1. Zeitschrift für Psychologie*, 88, pp.225–252.

6. 이 세상의 첫 번째 사랑

단행본

장대익. 2008.《쿤 & 포퍼 : 과학에는 뭔가 특별한 것이 있다》. 김영사.

Baker, R. & Bellis, A., 1995. *Human sperm competition*. Chapman and Hall.

Barlow, G., 2008. *The cichlid fishes: nature's grand experiment in evolution*. Basic Books.

Kipling, R., 2009. *Just so stories for little children*. Oxford University Press.

Taleb, N., 2005. *The black swan: Why don't we learn that we don't learn*. Random House; 나심 니콜라스 탈레브. 차익종, 김현구 옮김. 2018.《블랙 스완》. 동녘사이언스.

논문

Bailey, N.W. and Zuk, M., 2009. Same-sex sexual behavior and evolution. *Trends in Ecology & Evolution*, 24(8), pp.439–446.

Braithwaite, L.W., 1981. Ecological studies of the Black Swan III. Behaviour and social organisation. *Wildlife Research*, 8(1), pp.135–146.

Brown, G.R., Laland, K.N. and Mulder, M.B., 2009. Bateman's principles and human sex roles. *Trends in Ecology & Evolution*, 24(6), pp.297–304.

Camperio-Ciani, A., Corna, F. and Capiluppi, C., 2004. Evidence for maternally inherited factors favouring male homosexuality and promoting female fecundity. *Proceedings of the Royal Society of London. Series B: Biological Sciences*, 271(1554), pp.2217-2221.

Ciani, A.S.C., 2018. Overdominance hypothesis for male homosexuality. *Journal: Encyclopedia of Animal Cognition and Behavior*, pp.1-4.

Cochran, G.M., Ewald, P.W. and Cochran, K.D., 2000. Infectious causation of disease: an evolutionary perspective. *Perspectives in biology and medicine*, 43(3), pp.406-448.

Englmeier, L. and Subburayalu, J., 2022. What's happening where when SARS-CoV-2 infects: are TLR7 and MAFB sufficient to explain patient vulnerability?. *Immunity & Ageing*, 19(1), pp.1-8.

Gunst, N., Vasey, P.L. and Leca, J.B., 2018. Deer mates: a quantitative study of heterospecific sexual behaviors performed by Japanese macaques toward sika deer. *Archives of Sexual Behavior*, 47(4), pp.847-856.

Gwynne, D.T. and Rentz, D.C., 1983. Beetles on the bottle: male buprestids mistake stubbies for females (Coleoptera). *Australian Journal of Entomology*, 22(1), pp.79-80.

Haider-Markel, D.P. and Joslyn, M.R., 2008. Beliefs about the origins of homosexuality and support for gay rightsan empirical test of attribution theory. *Public opinion quarterly*, 72(2), pp.291-310.

Heil, F., Hemmi, H., Hochrein, H., Ampenberger, F., Kirschning, C., Akira, S., Lipford, G., Wagner, H. and Bauer, S., 2004. Species-specific recognition of single-stranded RNA via toll-like receptor 7 and 8. *Science*, 303(5663), pp.1526-1529.

Karawita, A.C., Cheng, Y., Chew, K.Y., Challgula, A., Kraus, R., Mueller, R.C., Tong, M.Z., Hulme, K.D., Beielefeldt-Ohmann, H., Steele, L.E. and Wu, M., 2022. The swan genome and transcriptome: its not all black and white. *bioRxiv*.

Levan, K.E., Fedina, T.Y. and Lewis, S.M., 2009. Testing multiple hypotheses for the maintenance of male homosexual copulatory behaviour in flour beetles. *Journal of Evolutionary Biology*, 22(1), pp.60-70.

MacFarlane, G.R., Blomberg, S.P., Kaplan, G. and Rogers, L.J., 2007. Same-sex sexual behavior in birds: expression is related to social mating system and state of development at hatching. *Behavioral Ecology*, 18(1), pp.21-33.

McCarthy, D.A. and Young, C.M., 2002. Gametogenesis and reproductive behavior in the echinoid Lytechinus variegatus. *Marine Ecology Progress Series*, 233, pp.157-168.

McDonnell, S.M., Henry, M. and Bristol, F., 1991. Spontaneous erection and masturbation in equids. *J. Reprod. Fertil*, 44, pp.664-665.

Monk, J.D., Giglio, E., Kamath, A., Lambert, M.R. and McDonough, C.E., 2019. An alternative hypothesis for the evolution of same-sex sexual behaviour in animals. *Nature Ecology & Evolution*, 3(12), pp.1622-1631.

Parker, G.A., 2014. The sexual cascade and the rise of pre-ejaculatory (Darwinian) sexual selection, sex roles, and sexual conflict. *Cold Spring Harbor Perspectives in Biology*, 6(10), p.a017509.

Playford, P.E. and Hesselsz, W., 1998. Voyage of Discovery to Terra Australis: By Willem De Vlamingh, 1696-97. *Western Australian Museum*.

Preston-Mafham, K., 2006. Post-mounting courtship and the neutralizing of male competitors through "homosexual" mountings in the fly Hydromyza livens F.(Diptera: Scatophagidae). *Journal of Natural History*, 40(1-2), pp.101-105.

Roulin, A., 2004. The evolution, maintenance and adaptive function of genetic colour polymorphism in birds. *Biological Reviews*, 79(4), pp.815-848.

Scharf, I. and Martin, O.Y., 2013. Same-sex sexual behavior in insects and arachnids: prevalence, causes, and consequences. *Behavioral Ecology and Sociobiology*, 67(11), pp.1719-1730.

Sheldon, P. R., 2001. Punctuated equilibrium and phyletic gradualism. *e LS*.

Swift, K. and Marzluff, J.M., 2018. Occurrence and variability of tactile interactions between wild American crows and dead conspecifics. *Philosophical Transactions of the Royal Society B: Biological Sciences*, 373(1754), p.20170259.

Szathmáry, E. and Smith, J.M., 1995. The major evolutionary transitions. *Nature*, 374(6519), pp.227-232.

Terry, J., 2000. "Unnatural acts" in nature: The scientific fascination with queer animals. *GLQ: A Journal of Lesbian and Gay Studies*, 6(2), pp.151-193.

Van Der Made, C.I., Simons, A., Schuurs-Hoeijmakers, J., Van Den Heuvel, G., Mantere, T., Kersten, S., Van Deuren, R.C., Steehouwer, M., Van Reijmersdal, S.V., Jaeger, M. and Hofste, T., 2020. Presence of genetic variants among young men with severe COVID-19. *Jama*, 324(7), pp.663-673.

Van Gossum, H., De Bruyn, L. and Stoks, R., 2005. Reversible switches between male‒male and male‒female mating behaviour by male damselflies. *Biology Letters*, 1(3), pp.268-270.

Vasey, P.L., Chapais, B. and Gauthier, C., 1998. Mounting interactions between female Japanese macaques: testing the influence of dominance and aggression. *Ethology*, 104(5), pp.387-398.

Vasey, P.L., Rains, D., VanderLaan, D.P., Duckworth, N. and Kovacovsky, S.D., 2008. Courtship behaviour in Japanese macaques during heterosexual and homosexual consortships. *Behavioural Processes*, 78(3), pp.401-407.

7. 살려고 먹는가, 먹으려고 사는가

단행본

Kelly, R.L., 2013. *The lifeways of hunter-gatherers: the foraging spectrum*. Cambridge University Press.

Lee, R.B. and DeVore, I., 2017. *Man the hunter*. Routledge.

Murdock, G.P., 1981. *Atlas of world cultures*. University of Pittsburgh Press.

논문

Caffrey, C., 2000. Tool modification and use by an American Crow. *The Wilson Journal of Ornithology*, 112(2), pp.283-284.

Cordain, L., Miller, J.B., Eaton, S.B., Mann, N., Holt, S.H. and Speth, J.D., 2000. Plant‒animal subsistence ratios and macronutrient energy estimations in worldwide hunter‒gatherer diets. *The American Journal of Clinical Nutrition*, 71(3), pp.682-692.

Dunsworth, H.M., Warrener, A.G., Deacon, T., Ellison, P.T. and Pontzer, H., 2012. Metabolic hypothesis for human altriciality. *Proceedings of the National Academy of Sciences*, 109(38), pp.15212-15216.

Fonseca-Azevedo, K. and Herculano-Houzel, S., 2012. Metabolic constraint imposes tradeoff between body size and number of brain neurons in human evolution. *Proceedings of the National Academy of Sciences*, 109(45), pp.18571-18576.

Isler, K. and van Schaik, C.P., 2012. Allomaternal care, life history and brain size evolution in mammals. *Journal of Human Evolution*, 63(1), pp.52-63.

Lee-Thorp, J.A., 2008. On isotopes and old bones. *Archaeometry*, 50(6), pp.925-950.

Reiches, M.W., Ellison, P.T., Lipson, S.F., Sharrock, K.C., Gardiner, E. and Duncan, L.G., 2009. Pooled energy budget and human life history. *American Journal of Human Biology: The Official Journal of the Human Biology Association*, 21(4), pp.421-429.

Zach, R., 1979. Shell dropping: decision-making and optimal foraging in northwestern crows. *Behaviour*, pp.106-117.

8. 우리 안의 방랑자

단행본

Darwin C., 1872. *The expression of the emotions in man and animals*. John Murray, London, UK; 찰스 다윈. 김성한 옮김. 2020.《인간과 동물의 감정 표현》. 사이언스북스.

Kelly, R.L., 2013. *The lifeways of hunter-gatherers: the foraging spectrum*. Cambridge University Press.

Magnus, O., 1996. *A description of the northern peoples. Translated by Peter Fisher and Humphrey Higgens, and edited by PG Foote*. London: The Hakluy

Pliny the Elder. 1967. *Natural history. With an English Translation By H. Rackham. Volumes 1-10.*, Harvard University Press.

논문

Binford, L.R., 1980. Willow smoke and dogs' tails: hunter-gatherer settlement systems and archaeological site formation. *American Antiquity*, 45(1), pp.4-20.

Bramble, D.M. and Lieberman, D.E., 2004. Endurance running and the evolution of Homo. *Nature*, 432(7015), pp.345-352.

Charnov, E.L., 1976. Optimal foraging, the marginal value theorem. *Theoretical Population Biology*, 9(2), pp.129-136.

Eisenberg, D.T., Campbell, B., Gray, P.B. and Sorenson, M.D., 2008. Dopamine receptor genetic polymorphisms and body composition in undernourished pastoralists: An exploration of nutrition indices among nomadic and recently settled Ariaal men of northern Kenya. *BMC Evolutionary Biology*, 8(1), pp.1-12.

Emlen, S.T., 1967. Migratory orientation in the Indigo Bunting, Passerina cyanea. Part II: Mechanism of celestial orientation. *The Auk*, 84(4), pp.463-489.

Garrigan, D. and Kingan, S.B., 2007. Archaic human admixture: A view from the genome. *Current Anthropology*, 48(6), pp.895-902.

Hattori, E., Nakajima, M., Yamada, K., Iwayama, Y., Toyota, T., Saitou, N. and Yoshikawa, T., 2009. Variable number of tandem repeat polymorphisms of DRD4: re-evaluation of selection hypothesis and analysis of association with schizophrenia. *European Journal of Human Genetics*, 17(6), pp.793-801.

Isbell, L.A. and Young, T.P., 1996. The evolution of bipedalism in hominids and reduced group size in chimpanzees: alternative responses to decreasing resource availability. *Journal of Human Evolution*, 30(5), pp.389-397.

Levey, D.J. and Stiles, F.G., 1992. Evolutionary precursors of long-distance migration: resource availability and movement patterns in Neotropical landbirds. *The American Naturalist*, 140(3), pp.447-476.

Marti C., 2016. Aristotle and the migrating birds – What he wrote and what he did not. *Der Ornithologische Beobachter*, 113, pp.309-320.

Niemitz, C., 2010. The evolution of the upright posture and gait—a review and a new synthesis. *Naturwissenschaften*, 97(3), pp.241-263.

Park, H., 2020. Evolutionary Ecological Model of Defence Activation Disorders Via the Marginal Value Theorem. *Psychiatry Investigation*, 17(6), p.556.

Pulido, F., Berthold, P., Mohr, G. and Querner, U., 2001. Heritability of the timing of autumn migration in a natural bird population. *Proceedings of the Royal Society of London. Series B: Biological Sciences*, 268(1470), pp.953-959.

Ruff, C., 2002. Variation in human body size and shape. *Annual Review of Anthropology*, 31(1), pp.211-232.

Schmid, P., 2004. Functional interpretation of the Laetoli footprints. In From *Biped to Strider* (pp. 49-62). Springer, Boston, MA.

Thorpe, S.K. and Crompton, R.H., 2006. Orangutan positional behavior and the nature of arboreal locomotion in Hominoidea. *American Journal of Physical Anthropology: The Official*

Publication of the American Association of Physical Anthropologists, 131(3), pp.384-401.

9. 풍요가 만드는 비극

단행본

Adam, S., 1776. *The wealth of nations*; 애덤 스미스. 김수행 옮김. (2007).《국부론》. 비봉출
판사.

Davies, N. B., Krebs, J. R., & West, S. A., 2012. *An introduction to behavioural ecology.*
Wiley-Blackwell.

Dugatkin, L. A., 2020. *Principles of animal behavior* (4th ed.). University of Chicago Press.

에릭 바인하커. 안현실·정성철 옮김. (2007).《부의 기원》. 랜덤하우스코리아.

Joel, M., & Mokyr, J., 2016. *A culture of growth*. Princeton University Press.

UN. 2014. *Inclusive wealth report 2014*. Cambridge University Press.

논문

박경현, & 김지연. 2020. 때까치*Lanius bucephalus*의 비번식기 먹이꽂이 행동에 관한 연구.
한국조류학회지, 27(1), pp.41-49.

Allen, J.A., Brisson, M.J. and Linné, C.V., 1910. Collation of Brisson's genera of birds with
those of Linnaeus. *Bulletin of the AMNH*; v. 28, article 27.

Antczak, M., Hromada, M., & Tryjanowski, P., 2005. Spatio-temporal changes in
Great Grey Shrike Lanins excubitor impaling behaviour: from food caching to
communication signs. *Ardea*, 93(1), pp.101-107.

Beven, G., & England, M., 1969. The impaling of prey by shrikes. *British Birds*, 62(192),
e199

Brodin, A., & Clark, C. W., 1997. Long-term hoarding in the Paridae: a dynamic model.
Behavioral Ecology, 8(2), pp.178-185.

Brodin, A., & Lundborg, K., 2003. Is hippocampal volume affected by specialization for
food hoarding in birds?. *Proceedings of the Royal Society of London. Series B: Biological
Sciences*, 270(1524), pp.1555-1563.

Brodin, A., 1994. The role of naturally stored food supplies in the winter diet of the boreal willow tit Parus montanus. *Ornis Svecica*, 4(1), pp.31-40.

DeLong, B., 2016. Economic history: The roots of growth. *Nature*, 538(7626), pp.456-457

Etterson, M. A., & Howery, M., 2001. Kleptoparasitism of soil-foraging passerines by Loggerhead Shrikes. *Journal of Field Ornithology*, 72(3), pp.458-461.

Frost, R. O., Steketee, G., & Tolin, D. F., 2012. Diagnosis and assessment of hoarding disorder. *Annual review of clinical psychology*, 8, pp.219-242.

Frost, R. O., Steketee, G., & Tolin, D. F., 2015. Comorbidity in hoarding disorder. *Focus*, 13(2), pp.244-251.

Fuchs, J., Alström, P., Yosef, R., & Olsson, U., 2019. Miocene diversification of an open-habitat predatorial passerine radiation, the shrikes (Aves: Passeriformes: Laniidae). *Zoologica Scripta*, 48(5), pp.571-588.

Kabel, A., & Chmidling, C., 2014. Disaster prepper: Health, identity, and American survivalist culture. *Human organization*, 73(3), pp.258-266.

Kamil, A. C., & Balda, R. P., 1990. Differential memory for different cache sites by Clark's nutcrackers (Nucifraga columbiana). *Journal of Experimental Psychology: Animal Behavior Processes*, 16(2), p.162.

Keynan, O., & Yosef, R., 2010. Temporal changes and sexual differences of impaling behavior in Southern Grey Shrike (Lanius meridionalis). *Behavioural processes*, 85(1), pp.47-51.

Mataix-Cols, D., 2014. Hoarding disorder. *New England Journal of Medicine*, 370(21), pp.2023-2030.

Morelli, F., Bussière, R., Goławski, A., Tryjanowski, P., & Yosef, R., 2015. Saving the best for last: Differential usage of impaled prey by red-backed shrike (Lanius collurio) during the breeding season. *Behavioural Processes*, 119, pp.6-13.

Roth, T. C., & Pravosudov, V. V., 2009. Hippocampal volumes and neuron numbers increase along a gradient of environmental harshness: a large-scale comparison. *Proceedings of the Royal Society B: Biological Sciences*, 276(1656), pp.401-405.

Roth, T. C., & Pravosudov, V. V., 2009. Hippocampal volumes and neuron numbers increase along a gradient of environmental harshness: a large-scale comparison. *Proceedings of the Royal Society B: Biological Sciences*, 276(1656), pp.401-405.

Roth, T. C., LaDage, L. D., & Pravosudov, V. V., 2011. Variation in hippocampal morphology along an environmental gradient: controlling for the effects of day length. *Proceedings of the Royal Society B: Biological Sciences*, 278(1718), pp.2662-2667

Roth, T. C., LaDage, L. D., & Pravosudov, V. V., 2011. Variation in hippocampal morphology along an environmental gradient: controlling for the effects of day length. *Proceedings of the Royal Society B: Biological Sciences*, 278(1718), pp.2662-2667.

Smith, S. M., 1972. The ontogeny of impaling behaviour in the Loggerhead Shrike, Lanius ludovicianus L. *Behaviour*, 42(3-4), pp.232-246.

Sustaita, D., Rubega, M. A., & Farabaugh, S. M., 2018. Come on baby, let's do the twist: the kinematics of killing in loggerhead shrikes. *Biology letters*, 14(9), 20180321.

Tyler, J. D., 1991. Vertebrate prey of the loggerhead shrike in Oklahoma. *Proceedings of the Oklahoma Academy of Science*, pp.17-20.

Yosef, R., & Whitman, D. W., 1992. Predator exaptations and defensive adaptations in evolutionary balance: no defence is perfect. *Evolutionary Ecology*, 6(6), pp. 527-536.

10. 협력을 줄이는 복지의 역설

단행본

Carey, D.P., 2001. *Mind myths: exploring popular assumptions about the mind and the brain*, Wiley Online Library.

Fenton, M.B. and Simmons, N.B., 2015. *Bats.* University of Chicago Press.

Neuweiler, G., 2000. *The biology of bats.* Oxford University Press.

논문

Carter, G. and Wilkinson, G., 2013. Does food sharing in vampire bats demonstrate reciprocity?. *Communicative & Integrative Biology*, 6(6), p.e25783.

Clutton-Brock, T., 2009. Cooperation between non-kin in animal societies. *Nature*, 462(7269), pp.51-57.

Eick, G.N., Jacobs, D.S. and Matthee, C.A., 2005. A nuclear DNA phylogenetic perspective on the evolution of echolocation and historical biogeography of extant bats (Chiroptera). *Molecular Biology and Evolution*, 22(9), pp.1869-1886.

Fonseca-Azevedo, K. and Herculano-Houzel, S., 2012. Metabolic constraint imposes tradeoff between body size and number of brain neurons in human evolution. *Proceedings of the National Academy of Sciences*, 109(45), pp.18571-18576.

Gager, Y., Gimenez, O., O'Mara, M.T. and Dechmann, D.K., 2016. Group size, survival and surprisingly short lifespan in socially foraging bats. *BMC Ecology*, 16(1), pp.1-12.

Hawkes, K., 2003. Grandmothers and the evolution of human longevity. *American Journal of Human Biology*, 15(3), pp.380-400.

Hawkes, K., 2004. The grandmother effect. *Nature*, 428(6979), pp.128-129.

Hutcheon, J.M. and Kirsch, J.A., 2006. A moveable face: deconstructing the Microchiroptera and a new classification of extant bats. *Acta Chiropterologica*, 8(1), pp.1-10.

Isler, K. and Van Schaik, C.P., 2012. How our ancestors broke through the gray ceiling: Comparative evidence for cooperative breeding in early homo. *Current Anthropology*, 53(S6), pp.S453-S465.

Jürgens, K.D., Bartels, H. and Bartels, R., 1981. Blood oxygen transport and organ weights of small bats and small non-flying mammals. *Respiration Physiology*, 45(3), pp.243-260.

Law, R., 1979. Ecological determinants in the evolution of life histories, in *Population Dynamics*. Blackwell: Oxford. pp.81-103.

Lord, R.D., 1993. A taste for blood: the highly specialized vampire bat will dine on nothing else. *Wildlife Conservation*, 96, pp.32-38.

Makanya, A.N. and Mortola, J.P., 2007. The structural design of the bat wing web and its possible role in gas exchange. *Journal of Anatomy*, 211(6), pp.687-697.

Pettigrew, J.D., 1986. Flying primates? Megabats have the advanced pathway from eye to midbrain. *Science*, 231(4743), pp.1304-1306.

Prat, Y., Taub, M. and Yovel, Y., 2016. Everyday bat vocalizations contain information about emitter, addressee, context, and behavior. *Scientific Reports*, 6(1), pp.1-10.

Reiches, M.W., Ellison, P.T., Lipson, S.F., Sharrock, K.C., Gardiner, E. and Duncan, L.G., 2009. Pooled energy budget and human life history. American Journal of Human Biology: The Official Journal of the Human Biology Association, 21(4), pp.421-429.

Walker, R., Burger, O., Wagner, J. and Von Rueden, C.R., 2006. Evolution of brain size and juvenile periods in primates. *Journal of Human Evolution*, 51(5), pp.480-489.

Wang, L., Li, G., Wang, J., Ye, S., Jones, G. and Zhang, S., 2009. Molecular cloning and evolutionary analysis of the GJA1 (connexin43) gene from bats (Chiroptera). *Genetics Research*, 91(2), pp.101-109.

Wilkinson, G.S., 1986. Social grooming in the common vampire bat, Desmodus rotundus. *Animal Behaviour*, 34(6), pp.1880-1889.

_____, 1990. Food sharing in vampire bats. *Scientific American*, 262(2), pp.76-83.

Yao, L., Brown, J.P., Stampanoni, M., Marone, F., Isler, K. and Martin, R.D., 2012. Evolutionary change in the brain size of bats. *Brain, Behavior and Evolution*, 80(1), pp.15-25.

11. 살기 위해 죽으리라

단행본

Brooke, M., 2004. *Albatrosses and petrels across the world*. Oxford University Press.

Cohen, A. A., 2007. *The role of antioxidants in the physiology, ecology, and life histories of wild birds*. University of Missouri-Saint Louis.

Rawlinson, H.C. and Wilkinson, J.G., 1861. The history of Herodotus (Vol. 1).

논문

Austad, S. N., 1993. Retarded senescence in an insular population of Virginia opossums (Didelphis virginiana). *Journal of Zoology*, 229, pp.695-708.

Austad, S.N. and Fischer, K.E., 1991. Mammalian aging, metabolism, and ecology: evidence from the bats and marsupials. *Journal of gerontology*, 46(2), pp.B47-B53.

Carboneras, C., 1992. Family diomedeidae (albatrosses). *Handbook of the birds of the world*.

Costantini, D. and Møller, A.P., 2008. Carotenoids are minor antioxidants for birds. *Functional Ecology*, 22(2), pp.367-370.

Dina Fine Maro., 2014. Fact or Fiction?: Carrots Improve Your Vision. *Scientific American*.

Finch, C. E., Pike, M. C. & Witten, M., 1990. Slow mortality rate accelerations during aging in some animals approximate that of humans. *Science* (1979) 249, pp.902-905.

Gagnon, A. et al., 2009. Is there a trade-off between fertility and longevity? A comparative study of women from three large historical databases accounting for mortality selection. *American Journal of Human Biology: The Official Journal of the Human Biology*

Association 21, pp.533 – 540.

Goldin, A., Beckman, J. A., Schmidt, A. M. & Creager, M. A., 2006. Advanced glycation end products: sparking the development of diabetic vascular injury. *Circulation* 114, pp.597 – 605.

Hamilton, W.D., 1966. The moulding of senescence by natural selection. *Journal of Theoretical Biology*, 12(1), pp.12–45.

Holmes, D.J. and Austad, S.N., 1995. The evolution of avian senescence patterns: implications for understanding primary aging processes. *American Zoologist*, 35(4), pp.307–317.

Holmes, D.J., Flückiger, R. and Austad, S.N., 2001. Comparative biology of aging in birds: an update. *Experimental Gerontology*, 36(4–6), pp.869–883.

Inupakutika, M.A., Sengupta, S., Devireddy, A.R., Azad, R.K. and Mittler, R., 2016. The evolution of reactive oxygen species metabolism. *Journal of Experimental Botany*, p.erw382.

Iqbal, M., Probert, L. L., Alhumadi, N. H. & Klandorf, H., 1999. Protein glycosylation and advanced glycosylated endproducts (AGEs) accumulation: an avian solution? *Journals of Gerontology Series A: Biomedical Sciences and Medical Sciences* 54, B171 – B176.

Ku, H.H. and Sohal, R.S., 1993. Comparison of mitochondrial pro-oxidant generation and anti-oxidant defenses between rat and pigeon: possible basis of variation in longevity and metabolic potential. *Mechanisms of Ageing and Development*, 72(1), pp.67–76.

Law, R., 1979. Ecological determinants in the evolution of life histories. in *Population dynamics*, Blackwell, pp.81 – 103

Leslie, M., 2005. Bilberry Bombs. *MedicineNet*

Medawar, P.B., 1946. Old age and natural death. *Mod. Quart*, 2, pp.30–49.

Moller, A. P. et al., 2000. Carotenoid-dependent signals: indicators of foraging efficiency, immunocompetence or detoxification ability?. *Poultry and Avian Biology Reviews* 11, pp.137 – 160.

Natasha May., 2021. "Wisdom the albatross, the world's oldest known wild bird, has another chick at age 70". *the Guardian*.

Pickering, S.P.C. and Berrow, S.D., 2001. Courtship behaviour of the wandering albatross Diomedea exulans at Bird Island, South Georgia. *Marine Ornithology*, 29, pp.29–37.

Pike, T. W., Blount, J. D., Bjerkeng, B., Lindström, J. & Metcalfe, N. B., 2007 Carotenoids, oxidative stress and female mating preference for longer lived males. *Proceedings of the Royal Society B: Biological Sciences* 274, 1591 – 1596.

Pugesek, B. H. & Diem, K. L.,1990. The relationship between reproduction and survival in known-aged California gulls. *Ecology* 71, pp.811 – 817.

Pugesek, B. H., 1981. Increased reproductive effort with age in the California gull (Larus californicus). *Science* (1979) 212, pp.822 – 823.

Robertson, C. J. R., 2003. Albatrosses (Diomedeidae). *Grzimek's animal life encyclopedia.* Gale Group. Farmington Hills, MI.

Rogers, K. S., 2021. The world's oldest known wild bird just turned 70—why she's so special. *National Geographic.*

Vicente, I., 2021. World's Oldest Known Wild Bird Turns 70 and Returns to Midway Atoll. U.S. Fish and Wildlife *Service: Pacific Islands*

Vistoli, G., De Maddis, D., Cipak, A., Zarkovic, N., Carini, M. and Aldini, G., 2013. Advanced glycoxidation and lipoxidation end products (AGEs and ALEs): an overview of their mechanisms of formation. *Free Radical Research*, 47(sup1), pp.3-27.

Wasser, D. E. & Sherman, P. W., 2010. Avian longevities and their interpretation under evolutionary theories of senescence. *Journal of Zoology*, 280, pp.103 – 155.

Wasser, D. E. & Sherman, P. W., 2010. Avian longevities and their interpretation under evolutionary theories of senescence. *Journal of Zoology*, 280, pp.103 – 155.

Williams, G. C.. 1957. Pleiotropy, Natural Selection, and the Evolution of Senescence. *Evolution* (NY) 11, pp.398 – 411.

12. 영혼을 잠식하는 감염병

단행본

Cartwright, J., 2000. *Evolution and human behavior: Darwinian perspectives on human nature.* MIT Press.

De Kruif, P., 1932. *Men against death*, Harcourt.

Dunbar, R.I.M. and Barrett, L. eds., 2007. *Oxford handbook of evolutionary psychology.*

Oxford University Press.

Eibl-Eibesfeldt, I., 1979. *The biology of war and peace*. Viking, New York.

Fabrega, H., 2002. *Origins of psychopathology: The phylogenetic and cultural basis of mental illness*. Rutgers University Press.

Frank, S.A., 2020. *Immunology and evolution of infectious disease*. Princeton University Press.

Trevathan, W., 2010. *Ancient bodies, modern lives: how evolution has shaped women's health*. Oxford University Press.

Virella, G. ed., 2019. *Medical immunology*. CRC Press.

논문

Barreiro, L.B. and Quintana-Murci, L., 2010. From evolutionary genetics to human immunology: how selection shapes host defence genes. *Nature Reviews Genetics*, 11(1), pp.17-30.

Curtis, V., Aunger, R. and Rabie, T., 2004. Evidence that disgust evolved to protect from risk of disease. Proceedings of the Royal Society of London. *Series B: Biological Sciences*, 271(suppl_4), pp.S131-S133.

Curtis, V., De Barra, M. and Aunger, R., 2011. Disgust as an adaptive system for disease avoidance behaviour. *Philosophical Transactions of the Royal Society B: Biological Sciences*, 366(1563), pp.389-401.

Dantzer, R., BLUTHÉ, R.M., Layé, S., BRET-DIBAT, J.L., Parnet, P. and Kelley, K.W., 1998. Cytokines and sickness behavior. *Annals of the New York Academy of Sciences*, 840(1), pp.586-590.

Duncan, L.A., Park, J.H., Faulkner, J., Schaller, M., Neuberg, S.L. and Kenrick, D.T., 2007. Adaptive allocation of attention: Effects of sex and sociosexuality on visual attention to attractive opposite-sex faces. *Evolution and Human Behavior*, 28(5), pp.359-364.

Esses, V.M., Dovidio, J.F. and Hodson, G., 2002. Public attitudes toward immigration in the United States and Canada in response to the September 11, 2001 "Attack on America". *Analyses of Social Issues and Public Policy*, 2(1), pp.69-85.

Ewald, P.W., 1993. The evolution of virulence. *Scientific American*, 268(4), pp.86-93.

Faulkner, J., Schaller, M., Park, J.H. and Duncan, L.A., 2004. Evolved disease-avoidance mechanisms and contemporary xenophobic attitudes. *Group Processes & Intergroup Relations*, 7(4), pp.333-353.

Fessler, D.M., Eng, S.J. and Navarrete, C.D., 2005. Elevated disgust sensitivity in the first trimester of pregnancy: Evidence supporting the compensatory prophylaxis hypothesis. *Evolution and Human Behavior*, 26(4), pp.344-351.

Fincher, C.L. and Thornhill, R., 2008. Assortative sociality, limited dispersal, infectious disease and the genesis of the global pattern of religion diversity. *Proceedings of the Royal Society B: Biological Sciences*, 275(1651), pp.2587-2594.

Gangestad, S.W., Haselton, M.G. and Buss, D.M., 2006. Evolutionary foundations of cultural variation: Evoked culture and mate preferences. *Psychological Inquiry*, 17(2), pp.75-95.

Goodall, J., 1986. Social rejection, exclusion, and shunning among the Gombe chimpanzees. *Ethology and Sociobiology*, 7(3-4), pp.227-236.

Haidt, J., 2007. The new synthesis in moral psychology. *Science*, 316(5827), pp.998-1002.

Haidt, J., McCauley, C. and Rozin, P., 1994. Individual differences in sensitivity to disgust: A scale sampling seven domains of disgust elicitors. *Personality and Individual Differences*, 16(5), pp.701-713.

Helzer, E.G. and Pizarro, D.A., 2011. Dirty liberals! Reminders of physical cleanliness influence moral and political attitudes. *Psychological Science*, 22(4), pp.517-522.

Inhorn, M.C. and Brown, P.J., 1990. The anthropology of infectious disease. *Annual Review of Anthropology*, pp.89-117.

Kiesecker, J.M., Skelly, D.K., Beard, K.H. and Preisser, E., 1999. Behavioral reduction of infection risk. *Proceedings of the National Academy of Sciences*, 96(16), pp.9165-9168.

Kurzban, R. and Leary, M.R., 2001. Evolutionary origins of stigmatization: the functions of social exclusion. *Psychological Bulletin*, 127(2), p.187.

Letendre, K., Fincher, C.L. and Thornhill, R., 2010. Does infectious disease cause global variation in the frequency of intrastate armed conflict and civil war?. *Biological Reviews*, 85(3), pp.669-683.

Murray, D.R. and Schaller, M., 2010. Historical prevalence of infectious diseases within 230 geopolitical regions: A tool for investigating origins of culture. *Journal of Cross-Cultural Psychology*, 41(1), pp.99-108.

Murray, D.R. and Schaller, M., 2012. Threat (s) and conformity deconstructed: Perceived threat of infectious disease and its implications for conformist attitudes and behavior. *European Journal of Social Psychology*, 42(2), pp.180-188.

Murray, D.R., 2014. Direct and indirect implications of pathogen prevalence for scientific and technological innovation. *Journal of Cross-Cultural Psychology*, 45(6), pp.971-985.

Murray, D.R., Trudeau, R. and Schaller, M., 2011. On the origins of cultural differences in conformity: Four tests of the pathogen prevalence hypothesis. *Personality and Social Psychology Bulletin*, 37(3), pp.318-329.

Navarrete, C.D., Fessler, D.M. and Eng, S.J., 2007. Elevated ethnocentrism in the first trimester of pregnancy. *Evolution and Human Behavior*, 28(1), pp.60-65.

Oaten, M., Stevenson, R.J. and Case, T.I., 2009. Disgust as a disease-avoidance mechanism. *Psychological Bulletin*, 135(2), p.303.

Oaten, M., Stevenson, R.J. and Case, T.I., 2011. Disease avoidance as a functional basis for stigmatization. *Philosophical Transactions of the Royal Society B: Biological Sciences*, 366(1583), pp.3433-3452.

Park, J.H., Faulkner, J. and Schaller, M., 2003. Evolved disease-avoidance processes and contemporary anti-social behavior: Prejudicial attitudes and avoidance of people with physical disabilities. *Journal of Nonverbal Behavior*, 27(2), pp.65-87.

Park, J.H., Schaller, M. and Crandall, C.S., 2007. Pathogen-avoidance mechanisms and the stigmatization of obese people. *Evolution and Human Behavior*, 28(6), pp.410-414.

Rozin, P. and Fallon, A.E., 1987. A perspective on disgust. *Psychological Review*, 94(1), p.23.

Rozin, P., Haidt, J., & McCauley, C. R. (2008). Disgust. In M. Lewis, J. M. Haviland-Jones, & L. F. Barrett (Eds.), *Handbook of emotions* (pp. 757-776). The Guilford Press.

Rozin, P., Lowery, L. and Ebert, R., 1994. Varieties of disgust faces and the structure of disgust. *Journal of Personality and Social Psychology*, 66(5), p.870.

Schaller, M. and Murray, D.R., 2008. Pathogens, personality, and culture: disease prevalence predicts worldwide variability in sociosexuality, extraversion, and openness to experience. *Journal of Personality and Social Psychology*, 95(1), p.212.

Schaller, M. and Neuberg, S.L., 2012. Danger, disease, and the nature of prejudice (s). *In Advances in Experimental Social Psychology* (Vol. 46, pp. 1-54). Academic Press.

Schaller, M. and Park, J.H., 2011. The behavioral immune system (and why it matters).

Current directions in psychological science, 20(2), pp.99-103.

Schaller, M., Park, J.H. and Mueller, A., 2003. Fear of the dark: Interactive effects of beliefs about danger and ambient darkness on ethnic stereotypes. *Personality and Social Psychology Bulletin*, 29(5), pp.637-649.

Schulenburg, H. and Müller, S., 2004. Natural variation in the response of Caenorhabditis elegans towards Bacillus thuringiensis. *Parasitology*, 128(4), pp.433-443.

Sherman, P.W. and Billing, J., 1999. Darwinian gastronomy: Why we use spices: Spices taste good because they are good for us. *BioScience*, 49(6), pp.453-463.

Terrizzi Jr, J.A., Shook, N.J. and McDaniel, M.A., 2013. The behavioral immune system and social conservatism: A meta-analysis. *Evolution and Human Behavior*, 34(2), pp.99-108.

Thornhill, R., Fincher, C.L. and Aran, D., 2009. Parasites, democratization, and the liberalization of values across contemporary countries. *Biological Reviews*, 84(1), pp.113-131.

Tybur, J.M., Lieberman, D., Kurzban, R. and DeScioli, P., 2013. Disgust: evolved function and structure. *Psychological Review*, 120(1), p.65.

Wolfe, N.D., Dunavan, C.P. and Diamond, J., 2007. Origins of major human infectious diseases. *Nature*, 447(7142), pp.279-283.

Wu, B.P. and Chang, L., 2012. The social impact of pathogen threat: How disease salience influences conformity. *Personality and Individual Differences*, 53(1), pp.50-54.

Zhang, Q., Zmasek, C.M. and Godzik, A., 2010. Domain architecture evolution of pattern-recognition receptors. *Immunogenetics*, 62(5), pp.263-272.

인간의 자리

초판 1쇄 발행 2023년 6월 23일
초판 2쇄 발행 2024년 5월 10일

지은이   박한선
책임편집   권오현
디자인   이상재

펴낸곳   (주)바다출판사
주소   서울시 마포구 성지1길 30 3층
전화   02-322-3675(편집), 02-322-3575(마케팅)
팩스   02-322-3858
이메일   badabooks@daum.net
홈페이지   www.badabooks.co.kr

ISBN   979-11-6689-155-7 03470